高职高专项目式实践类系列教材

U0159696

工程材料与检测

主　编　王前华

参　编　熊高明　张　杰　李　维

　　　　杨圣飞　魏尚卿

主　审　刘显举

西安电子科技大学出版社

内 容 简 介

本书根据建设工程所用的主要材料，以材料的基本性质、检测方法、检测的具体过程为脉络进行阐述。本书以就业为导向，采用项目式教学，突出实用性、实践性，所采用的工程材料检测、鉴定方法符合行业新规范、新标准，所提供的实训项目均可以在标准实训室中开展。

全书共分为8个实训项目，具体内容为：工程材料基本性质与检测、水泥性能与检测、砂浆性能与检测、混凝土性能与检测、块体材料性能与检测、钢材性能与检测、防水材料性能与检测、工程质量检测。

本书可作为高职高专院校土建工程类专业的教材，也可作为土建工程技术人员的参考用书。

图书在版编目(CIP)数据

工程材料与检测 / 王前华主编. —西安：西安电子科技大学出版社，2020.7
ISBN 978-7-5606-5651-9

Ⅰ. ① 工… Ⅱ. ① 王… Ⅲ. ① 建筑材料—检测 Ⅳ. ① TU502

中国版本图书馆 CIP 数据核字(2020)第 061367 号

策划编辑　万晶晶
责任编辑　王静
出版发行　西安电子科技大学出版社(西安市太白南路 2 号)
电　　话　(029)88242885　88201467　　　　邮　　编　710071
网　　址　www.xduph.com　　　　　　电子邮箱　xdupfxb001@163.com
经　　销　新华书店
印刷单位　陕西天意印务有限责任公司
版　　次　2020 年 7 月第 1 版　　2020 年 7 月第 1 次印刷
开　　本　787 毫米×1092 毫米　1/16　印张 12
字　　数　277 千字
印　　数　1~2000 册
定　　价　32.00 元
ISBN　978-7-5606-5651-9 / TU

XDUP 5953001-1
如有印装问题可调换

序

　　"高职高专项目式实践类系列教材"是在贯彻落实《国家职业教育改革实施方案》(简称"职教 20 条")文件精神，推动职业教育大改革、大发展的背景下，结合职业教育"以能力为本位"的指导思想，以服务建设现代化经济体系为目标而组织编写的。在新经济、新业态、新模式、新产业迅猛发展的高要求下，本系列教材以现代学徒制教学为导向，以"1+X"证书结合为抓手，对接企业、行业岗位要求，围绕"素质为先、能力为本"的培养目标构建教材内容体系，实现"以知识体系为中心"到"以能力达标为中心"的转变，开展人才培养的实践教学。

　　本系列教材编审委员会于 2019 年 6 月在重庆召开了教材编写工作会议，确定了此系列教材的名称、大纲体例、主编及参编人员(含企业、行业专家)等主要事项，决定由重庆科创职业学院为组织方，聘请高职院校的资深教授和企业、行业专家组成教材编写组及审核组，确定每本教材的主编及主审，有序推进教材的编写及审核工作，确保教材质量。

　　本系列教材坚持理论知识够用，技能实战相结合，内容上突出实训教学的特点，采用项目制编写，并注重教学情境设计、教学考核与评价，强化训练目标，具有原创性。经过组织方、编审组、出版方的共同努力，希望本套"高职高专项目式实践类系列教材"能为培养高素质、高技能、高水平的技术应用型人才发挥更大的推动作用。

高职高专项目式实践类系列教材编审委员会

2019 年 10 月

高职高专项目式实践类系列教材
编审委员会

前　言

工程材料是一门理论性和实践性都很强的学科。随着建筑业的迅速发展，工程材料的品种更加多样化，质量也有了长足的进步，国家相关部门更新了一大批工程材料的标准，并颁布了相关新材料的标准。高等职业院校土建工程类专业实训急需工程材料的新技术、新标准用于教学，同时社会上广大技术类人员也需更新相关内容。鉴于此，我们编写了本书。

本书考虑到高等职业院校教学的要求和学生的特点，打破传统的知识框架体系，坚持理论够用、实践为主的原则，重点突出实际动手能力的培养。本书以材料性能的基本理论知识与材料的试验检测为主线，将材料的性能试验检测放在重要的位置，使学习者实现与岗位的无缝对接。

本书由王前华主编，熊高明、张杰、李维、杨圣飞、魏尚卿参与编写。其中项目一、项目二由王前华编写；项目三、项目四由熊高明编写；项目五由李维编写；项目六由张杰编写；项目七由杨圣飞编写；项目八由魏尚卿编写。王前华对全书进行了统稿、定稿。

本书的教学参考学时如下：

课 程 内 容	学　时
实训项目一　工程材料基本性质与检测	4
实训项目二　水泥性能与检测	6
实训项目三　砂浆性能与检测	8
实训项目四　混凝土性能与检测	10
实训项目五　块体材料性能与检测	6
实训项目六　钢材性能与检测	6
实训项目七　防水材料性能与检测	6
实训项目八　工程质量检测	2
总　计	48

本书在编写过程中参考了大量的文献资料和技术标准，在此谨向这些文献和标准的作者表示衷心的感谢。

由于编者的水平有限，书中难免有不足之处，欢迎读者批评指正，并提出宝贵的意见。

编　者

2020 年 2 月

目　　录

课 前 须 知

一、工程材料检测试验室安全管理措施

(1) 试验室应制定相应的试验室规则及试验室安全制度。根据本试验室情况制定严格的操作规程及防火、防盗管理制度，试验室内部人员要严格执行。进入试验室的外来人员都必须遵守试验室有关的规章制度。

(2) 试验室应指定专人负责试验室设备及人身安全。负责本室的安全技术监督、检查工作；对于贵重精密仪器设备、危险物品，应由具有业务能力的专人负责操作。

(3) 试验室及走廊禁止吸烟，特别是在易燃场所严禁烟火。

(4) 试验工作结束后，必须关好电源、仪器开关。试验室负责人必须检查操作的仪器及整个试验室的门、窗和不用的水、电、气路，并确保关好。清扫易燃的纸屑等杂物，消灭隐患。

(5) 试验室应根据实际情况，配备一定数量的消防器材。消防器材要摆放在明显、易于取用的位置，并定期检查，确保有效，严禁将消防器材移作他用。试验室人员必须熟悉常用灭火器材的使用。如遇火警，除应立即采取必要的消防措施灭火外，应马上报警，并及时向上级报告。火警解除后要注意保护现场。

(6) 仪器设备在运行中，试验人员不得离开现场。试验产生的废渣应按规定收集、排放或到指定地点进行处理，禁止将废渣向下水道倾倒。

(7) 对操作容易出问题的仪器设备，讲课中应重点提示，仪器上或者墙壁上也应做好相应警示。

(8) 试验设备的电源、开关、插头做到用前先检查和定期检查，对有安全隐患的地方做到及时维修、及时上报。

(9) 机械设备做到定期运转、定期检修，发现问题及时处理。

(10) 严格试验室钥匙管理制度，钥匙的配发应由有关负责人统一管理，不得私自借给他人使用或擅自配置钥匙。

二、工程材料检测试验室易发事故及对应的试验任务

1. 机械事故

(1) 搅拌机运行时，如果违规操作或操作不当(特别是机械在断电后还未完全停下时进行后续操作)，极容易造成人员伤害。

(2) 切割机操作时，锯片损坏和切割时材料含有坚硬物质等容易造成伤害。

(3) 压力机运行时，要防止钢材、石子等飞溅伤人，要注意油阀等开关是否松动。

(4) 摇筛机操作时，要注意螺钉是否松动。

(5) 振动台/振实台运行时，如发现异常，切勿慌忙操作。

2．触电事故

(1) 搅拌机采用的是三相电源，需注意电线老化和接头处因进水而漏电。

(2) 养护箱等设备由于发热体处于水中和潮湿蒸汽中，极易腐蚀，故要严防箱体、发热体因腐蚀而漏电。

(3) 烘箱因长期烘烤可致电热丝断裂，使箱体带电。

3．火灾事故

(1) 烟头等引燃易燃物品。

(2) 电源设施设备老化引起火灾。

4．玻璃类器皿或尖锐仪器造成的划伤

5．其他意外事故

应注意防止其他意外事故发生，如发生意外事故，应及时处理。

实验室易发事故可归纳如下表。

易发事故对应表

机械事故	砂浆抗压强度试验、岩石抗压强度试验、混凝土抗压强度试验、混凝土劈裂抗拉强度试验、烧结普通砖抗压强度试验、烧结普通砖抗折强度试验、混凝土空心砌块试验、钢筋的拉伸试验、钢筋的冷弯试验、钢筋的连接件试验、钢材的冲击韧性试验、水泥胶砂强度试验、钻芯检测
触电事故	细度试验、凝结时间试验、体积安定性试验、砂筛分析试验、碎（卵）石筛分析试验
火灾事故	沥青针入度试验、沥青延度试验、沥青软化点试验、防水卷材试验、防水涂料试验
划伤事故	密度试验、表观密度试验、堆积密度试验、标准稠度用水量试验、混凝土表观密度试验、钢筋的尺寸重量检测
其他意外事故	砂浆稠度试验、混凝土拌和物稠度试验、砂浆分层度试验、回弹检测、混凝土保护层厚度及钢筋直径检测

实训项目一 工程材料基本性质与检测

 项目分析

本项目通过介绍工程材料的相关性质，要求学生理解工程材料的密度、表观密度、堆积密度、孔隙率、吸水率、含水率的概念并能对其进行计算，掌握相关试验的操作方法，并能正确写出试验报告。

本项目需要完成以下任务：

(1) 密度试验。

(2) 表观密度试验。

(3) 堆积密度试验。

(4) 孔隙率试验。

(5) 吸水率与含水率试验。

知识目标

(1) 了解工程材料与密度有关的性质。

(2) 了解工程材料与孔隙、空隙有关的性质。

(3) 了解工程材料与水有关的性质。

能力目标

(1) 掌握工程材料与密度有关的试验方法与步骤。

(2) 掌握工程材料与孔隙、空隙有关的试验方法与步骤。

(3) 掌握工程材料试验报告单的正确填写。

任务一 密度试验

 任务目标

以工程中常见材料为试验的基本原材料，通过对原材料的取样、制备、试验具体操作、试验结果评定，掌握工程材料密度试验的正确操作方法与试验报告单的填写。

一、密度的概念

密度是指材料在绝对密实状态下，单位体积所具有的质量，其计算公式为

$$\rho = \frac{m}{V} \tag{1-1}$$

式中：ρ——材料的密度(g/cm^3)；

$\quad\quad$ m——材料在干燥状态下的质量(g)；

$\quad\quad$ V——干燥材料在绝对密实状态下的体积(cm^3)。

二、密度的测定方法

测定固体材料的密度时，须将材料磨成细粉(粒径小于 0.2 mm)，经干燥后采用排开液体的方法测得固体物质的体积。材料磨得越细，测得的密度值越精确。工程所使用的材料绝大部分是固体材料，但需要测定其密度的并不多。大多数材料，如拌制混凝土的砂、石等，一般直接采用排开液体的方法测定其体积——固体物质体积与封闭孔隙体积之和，此时测定的密度为材料的近似密度(又称为颗粒的表观密度)。

一、试验目的

材料的密度是指材料在绝对密实状态下单位体积的质量。了解材料的密度可大致掌握材料的品质和性能，并可用于计算材料的孔隙率。

二、试验器材

本试验所需器材有：李氏瓶(图 1-1，最小刻度值 0.1 mL)、筛子(孔径 0.2 mm)、恒温水槽(图 1-2)、烘箱(图 1-3)、干燥器(图 1-4)、天平(图 1-5，量程 1 kg，感量 0.01 g)、漏斗、小勺、滤纸等。

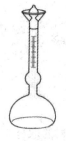

图 1-1　李氏瓶

图 1-2　恒温水槽

图 1-3　烘箱　　　　　　图 1-4　干燥器　　　　　　图 1-5　天平

三、试样制备

将材料(建议用石灰石)试样磨成粉末，使它完全通过筛孔为 0.2 mm 的筛，再将粉末放入烘箱内，在 105℃～110℃温度下烘干至恒重，然后在干燥器内冷却至室温。

四、试验方法及步骤

(1) 将不与试样起反应的液体(水、煤油、苯等)倒入李氏瓶中，至突颈下部。将李氏瓶放在盛水的玻璃容器中，使刻度部分完全浸入，并用支架夹住。容器中的水温应与李氏瓶刻度的标准温度(20±2)℃一致。待瓶内液体温度与水温相同后，读李氏瓶内液体凹液面的刻度值为 V_1(精确至 0.1 mL，以下同)。

(2) 用天平称取 60 g～90 g 试样(精确至 0.01 g，以下同)，记为 m_1，用小勺和漏斗小心地将试样徐徐送入李氏瓶中(不能大量倾倒，否则会妨碍李氏瓶中空气排出或使咽喉部位堵塞)，直至液面上升至 20 mL 刻度左右为止。

(3) 转动李氏瓶，使液体中气泡排出，再将李氏瓶放入盛水的玻璃容器中，待液体温度与水温一致后，读液体凹液面的刻度值 V_2。

(4) 称取未注入瓶内剩余试样的质量(m_2)，计算出装入瓶中试样质量(两次称量值 m_1、m_2 之差)。

(5) 用注入试样后的李氏瓶中液面读数减去未注前的读数($V_2 - V_1$)，得出试样的绝对体积 V。

五、试验结果评定

按下式计算出密度 ρ(精确至 0.01 g/cm³)：

$$\rho = \frac{m}{V} = \frac{m_1 - m_2}{V_2 - V_1} \tag{1-2}$$

式中：m——装入瓶中试样的质量(g)；

　　　V——装入瓶中试样的体积(cm³)。

按规定，密度试验用两个试样平行进行，以其计算结果的算术平均值作为最后结果，但两次结果之差不应大于 0.2 g/cm³，否则重做。

六、填写试验报告单

密度试验报告单见表 1.1。

表 1.1 密度试验报告单

试样名称			注入试样前李氏瓶中液面读数 V_1 / cm³	1	
				2	
试样质量	1		注入试样后李氏瓶中液面读数 V_2 / cm³	1	
	2			2	
试样的绝对体积 V / cm³			试验密度 ρ / cm³ $(\rho = m / V)$		
1			$\rho_1 =$		
2			$\rho_2 =$		
密度			$P = (\rho_1 + \rho_2) / 2 =$		

任务二 表观密度试验

任务目标

以工程中常见材料为试验的基本原材料,通过对原材料的取样、制备、试验具体操作、试验结果评定,掌握工程材料表观密度试验的正确操作方法与试验报告单的填写。

知识链接

一、表观密度的概念

表观密度是指材料在自然状态下单位体积的质量。材料的表观密度可按下式计算:

$$\rho_0 = \frac{m}{V_0} \tag{1-3}$$

式中: m——材料的质量(kg);

V_0——材料在自然状态下的体积(m³);

ρ_0——材料的表观密度(kg/m³)。

材料在自然状态下的体积,是指包括孔隙体积在内的材料体积。外形规则的材料的体积,可直接用尺度量后计算求得;外形不规则的材料的体积,可将材料表面涂蜡后用排水法测定。

当材料的孔隙中含有水分时，其质量(包括水的质量)和体积均会发生变化，影响材料的表观密度，故所测的表观密度必须注明其含水状态。通常材料的表观密度是指材料在气干状态(长期在空气中的干燥状态)下的表观密度。另外，在不同的含水状态下，还可测得材料的干表观密度、湿表观密度及饱和表观密度。

二、表观密度的测定方法

用容量瓶法测定细集料(天然砂、石屑、机制砂)在23℃时对水的表观相对密度和表观密度，容量瓶法适用于含有少量直径大于 2.36 mm 颗粒的细集料；粗集料测定其表观密度主要采用广口瓶法。

技能训练

一、试验目的

表观密度是指材料在自然状态下单位体积的质量。通过表观密度可以估计材料的强度、导热性及吸水性等性质；可用于计算材料的孔隙率、体积、质量及结构自重等。

二、试验器材

容器瓶法：容量瓶(图 1-6，500 mL)、托盘天平、干燥器、浅盘(图 1-7)、铝制料勺、温度计、烧杯等；

广口瓶法：广口瓶(图 1-8)、烘箱、天平、筛子、浅盘、带盖容器、毛巾、刷子、玻璃片。

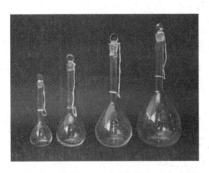

图 1-6 容量瓶   图 1-7 浅盘   图 1-8 广口瓶

三、试样制备

容量瓶法：将 650 g 左右的试样在温度为(105±5)℃的烘箱中烘干至恒重，并在干燥器内冷却至室温待用；

广口瓶法：将试样筛去 5 mm 以下的颗粒，用四分法(此方法见任务三，粗集料试样制备)缩分至不少于 2 kg，洗刷干净后，分成两份备用。

四、试验方法及步骤

1. 砂的表观密度试验(容量瓶法)

(1) 称取烘干的试样 300 g(m_0)装入盛有半瓶冷开水的容量瓶中，摇转容量瓶，使试样在水中充分搅动，以排除气泡，塞紧瓶塞，静置 24 h 左右。

(2) 静置后用滴管加水，使水面与瓶颈刻度线平齐，再塞紧瓶塞，擦干瓶外水分，称其质量(m_1)。

(3) 倒出瓶中的水和试样，将瓶的内外表面洗净。再向瓶内注入与上述水温相差不超过 2℃的冷开水至瓶颈刻度线。塞紧瓶塞，擦干瓶外水分，称其质量(m_2)。

2. 石子的表观密度试验(广口瓶法)

(1) 将 300 g 左右试样浸入水至饱和，然后装入广口瓶中。装试样时，广口瓶应倾斜放置，注入饮用水，用玻璃片覆盖瓶口，以上下左右摇晃的方法排除气泡。

(2) 气泡排尽后，向瓶中添加饮用水，直至水面凸出瓶口边缘。然后用玻璃片沿瓶口迅速滑行，使其紧贴瓶口水面。擦干瓶外水分后，称出试样、瓶和玻璃片总量 m_1，精确至 1 g。

(3) 将瓶中试样倒入浅盘，放在烘箱中于(105 ± 5)℃下烘干至恒重，待冷却至室温后，称出其质量 m_0，精确至 1 g。

(4) 将瓶洗净并重新注入饮用水 m_0，用玻璃片紧贴瓶口水面，擦干瓶外水分后，称出水、瓶和玻璃片总质量 m_2，精确至 1 g。

五、试验结果评定

容量瓶法按下式计算砂的表观密度(精确至 0.01g/cm³)：

$$\rho'_{(s)} = \left(\frac{m_0}{m_0 + m_2 - m_1} - \alpha_t \right) \times \rho_w \tag{1-4}$$

式中：m_0——试样的烘干质量(g)；

m_1——试样、水及容量瓶的总质量(g)；

m_2——水及容量瓶的总质量(g)；

α_t——不同水温下砂的表观密度修正系数，见表 1.2；

ρ_w——水的密度(g/cm³)。

表 1.2　不同水温下砂的表观密度修正系数

水温/℃	15	16	17	18	19	20	21	22	23	24	25
α_t	0.002	0.003	0.003	0.004	0.004	0.005	0.005	0.006	0.006	0.007	0.008

按规定，表观密度应用两份试样平行测定两次，并以两次结果的算术平均值作为测定结果，如果两次测定结果的差值大于 0.02 g/cm³，则应重新取样测定。

广口瓶法表观密度按下式计算(精确至 10 kg/m³)：

$$\rho_{0,g} = \frac{m_0}{m_0 + m_1 - m_2} \times 1000 \quad (10\ \text{kg/m}^3) \tag{1-5}$$

式中：$\rho_{0,g}$——石子表观密度(kg/m^3)；

　　　m_1——试样、水、瓶和玻璃片的总质量(g)；

　　　m_0——烘干试样质量(g)；

　　　m_2——水、瓶和玻璃片总质量(g)；

　　　ρ_w——水的密度(g/cm^3)。

以两次检验结果的算术平均值作为测定值，如两次结果之差大于 20 kg/m³，可取 4 次试验结果的平均值。

六、填写试验报告单

砂表观密度试验报告单及石子表观密度试验报告单见表 1.3 和表 1.4。

表 1.3　砂表观密度试验报告单

试样编号	烘干的砂试样质量 m_0/g	砂试样、水、容量瓶质量 m_1/g	水、容量瓶质量 m_2/g	表观密度/$(\text{g} \cdot \text{cm}^{-3})$ $\rho'_{(s)} = \left(\dfrac{m_0}{m_0 + m_2 - m_1} - \alpha\right) \times \rho_w$	平均表观密度/$(\text{g} \cdot \text{cm}^{-3})$
1					
2					

表 1.4　石子表观密度试验报告单

试样编号	烘干试样质量 m_0/g	试样、水、瓶和玻璃片的总质量 m_1/g	水、瓶和玻璃片总质量 m_2/g	表观密度/$(\text{g} \cdot \text{cm}^{-3})$ $\rho_{0,g} = \dfrac{m_0}{m_0 + m_1 - m_2} \times 1000$	平均表观密度/$(\text{kg} \cdot \text{m}^{-3})$
1					
2					
3					
4					

任务三　堆积密度试验

任务目标

以工程中常见材料为试验的基本原材料，通过对原材料的取样、制备、试验具体操作、试验结果评定，掌握工程材料堆积密度试验的正确操作方法与试验报告单的填写。

一、堆积密度的概念

堆积密度是指粉末状、颗粒状或纤维状材料在堆积状态下单位体积的质量，可按下式计算：

$$\rho_0' = \frac{m}{V_0'} \tag{1-6}$$

式中：ρ_0'——材料的堆积密度(g/cm^3 或 kg/m^3)；

m ——材料的质量(g 或 kg)；

V_0'——材料的堆积体积(cm^3 或 m^3)。

堆积密度是颗粒材料松装状态的密度，如果颗粒材料按规定方法颠实，则其单位体积的质量称为紧密密度。

二、堆积密度的测定方法

标准容器法测定，堆积密度的测定根据所测定材料的粒径不同，而采用不同的方法，但原理相同。在实际工程中，主要测试砂和石子的堆积密度。本次任务我们就以细集料和粗集料为例介绍两种堆积密度的测试方法。

一、试验目的

堆积密度是指散粒状材料在自然堆积状态下单位体积的质量。通过堆积密度可以计算材料的用量、构件的自重、配料用量，确定材料堆放空间以及材料运输时车辆的配置。

二、试验器材

细集料试验器材：标准容器(金属圆柱形，容积为 1 L)、标准漏斗(图 1-9)、台秤、铝制料勺、烘箱和直尺等。

图 1-9　标准漏斗

　　粗集料试验器材：标准容器(根据石子最大粒径选取，见表1.5)、台秤、小铲、烘箱和直尺等。

表1.5　标准容器规格

石子最大粒径/mm	标准容器/L	标准容器尺寸/mm		
		内径	净高	壁厚
9.5，16.0，19.0，26.5	10	208	294	2
31.5，37.5	20	294	294	3
53.5，63.0，75.0	30	360	294	4

三、试样制备

　　细集料试样制备：用四分法(图1-10)取砂约3 L试样，将试样放入浅盘中，将浅盘放入温度为(105±5)℃的烘箱内烘干至恒重，取出放入干燥器中，冷却至室温，筛除大于4.75 mm的颗粒，分为大致两份待用。

　　粗集料试样制备：石子按规定取样烘干或风干后，拌匀并将试样分为大致相等的两份备用。

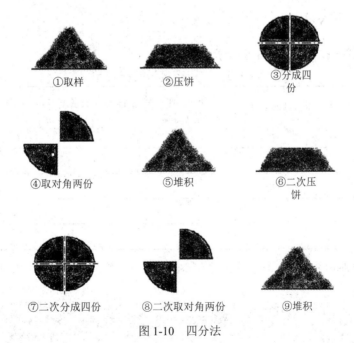

图1-10　四分法

四、试验方法及步骤

1. 细集料的试验步骤

　　(1) 称取标准容器的质量 m_1，精确至1 g；将标准容器置于下料漏斗下面，使漏斗对正中心。

(2) 取试样一份，用铝制料勺将试样装入下料漏斗，打开活动门，使试样徐徐落入标准容器(漏斗出料口或料勺标准容器筒口为 5 cm)，直至试样装满并超出标准容器筒口。

(3) 用直尺将多余的试样沿筒口中心线向两个相反方向刮平，称其质量 m_2，精确至 1 g。

2. 粗集料的试验步骤

(1) 称取标准容器的质量(m_1)并测定标准容器的体积 V_0'，取一份试样，用小铲将试样从标准容器上方 50 mm 处徐徐加入，试样自由落体下落，直至容器上部试样呈锥体且四周溢满时，停止加料。

(2) 除去凸出容器表面的颗粒，并以合适的颗粒填入凹陷部分，使表面凸起部分体积和凹陷部分体积大致相等。称取试样和容量筒总质量 m_2，精确至 10 g。

五、试验结果评定

试样的堆积密度 ρ_0' 按下式计算(精确至 10 kg/m³)：

$$\rho_0' = \frac{m_2 - m_1}{V_0'} \times 1000$$

堆积密度应用两份试样测定，并以两次结果的算术平均值作为测定结果。

六、填写试验报告单

堆积密度试验报告单如表 1.6 所示。

表 1.6　堆积密度试验报告单

试样编号		容量筒的质量 m_1 / g	容量筒和试样的总质量 m_2 / g	试样的堆积密度/(kg·m⁻³) $\rho_0' = \dfrac{(m_2 - m_1)}{V_0'}$	试样的堆积密度平均值 /(kg·m⁻³)
松散堆积密度	1				
	2				
紧密堆积密度	1				
	2				

注：堆积密度应用两份试样测定，并以两次结果的算术平均值作为测定结果，精确至 10 kg/m³。

任务四　孔隙率试验

任务目标

孔隙率的大小及孔特征对材料的性能影响很大，通过孔隙率的试验可以掌握材料的强度、吸水性、抗渗性、抗冻性及导热性，掌握工程材料孔隙率试验的正确操作方法与试验报告单的填写。

知识链接

一、密实度与孔隙率

1. 密实度

密实度是指材料体积内被固体物质充实的程度，用 D 表示。密实度的计算式如下：

$$D = \frac{V}{V_0} \times 100\% \tag{1-7}$$

也可用材料的密度和表观密度计算：

$$D = \frac{V}{V_0} = \frac{\dfrac{m}{\rho}}{\dfrac{m}{\rho_0}} = \frac{\rho_0}{\rho} \times 100\% \tag{1-8}$$

对于绝对密实材料，因 $V = V_0$，故密实度 $D = 1$ 或 100%。对于大多数建筑材料，因 $V < V_0$，故密实度 $D < 1$ 或 $D < 100\%$。

2. 孔隙率

孔隙率是指材料内部孔隙的体积占材料总体积的百分率，用 P 表示。孔隙率的计算式如下：

$$P = \frac{V_0 - V}{V_0} = 1 - \frac{V}{V_0} = 1 - D = \left(1 - \frac{\rho_0}{\rho}\right) \times 100\% \tag{1-9}$$

可由式(1-8)与式(1-9)导出：

$$P + D = 1 \tag{1-10}$$

上式表示材料自然体积由绝对体积和孔隙构成。材料的孔隙率是反映材料孔隙状态的重要指标，与材料各项物理、力学性能密切相关。

二、空隙率与填充率

1. 填充率

填充率是指散粒状材料在其堆积体积中被颗粒实体填充的程度，用 D' 表示。填充率的计算式如下：

$$D' = \frac{V'}{V_0'} \times 100\% = \frac{\rho_0'}{\rho'} \times 100\% \tag{1-11}$$

2. 空隙率

空隙率是指散粒状材料在其堆积体积中，颗粒之间空隙所占的比例，用 P' 表示。空隙率的计算式如下：

$$P' = \frac{V_0' - V_0}{V_0'} \times 100\% = \left(1 - \frac{\rho_0'}{\rho_0}\right) \times 100\% \tag{1-12}$$

由式(1-11)和式(1-12)可导出

$$P' + D' = 1 \tag{1-13}$$

空隙率反映了散粒状材料颗粒之间的相互填充的致密程度，空隙率可作为控制混凝土骨料级配与计算砂率的依据。对于混凝土的粗、细骨料，空隙率越小，说明其颗粒大小级配的搭配越合理，用其配置的混凝土越密实，越节约水泥。

技能训练

一、试验目的

孔隙率是指材料体积内孔隙体积占总体积的百分率。孔隙率的大小及孔特征对材料的性能影响很大。通过孔隙率可以掌握材料的强度、吸水性、抗渗性、抗冻性及导热性。

二、试验器材

本试验主要采用测定密度与表观密度推定材料的孔隙率，因此试验器材见本书项目一的任务一和任务二中技能训练的试验器材。

三、试样制备

本试验主要采用测定密度与表观密度推定材料的孔隙率，因此试验试样制备见本书项目一的任务一和任务二中技能训练的试样制备。

四、试验方法及步骤

(1) 测定出试样的表观密度(详见项目一的任务二)。
(2) 测定出试样的密度(详见项目一的任务一)。

五、试验结果评定

根据公式

$$P = \frac{V_0 - V}{V_0} = 1 - \frac{V}{V_0} = 1 - D = \left(1 - \frac{\rho_0}{\rho}\right) \times 100\%$$

计算出工程材料试样的孔隙率，测定两次的孔隙率，取算术平均值。

六、填写试验报告单

孔隙率实验报告单如表 1.7 所示。

表 1.7　孔隙率试验报告单

试样编号	试样的表观密度 $\rho_0/(\text{g} \cdot \text{cm}^{-3})$	试样的密度 $\rho/(\text{g} \cdot \text{cm}^{-3})$	试样的孔隙率 $P = \dfrac{V_0 - V}{V_0} = 1 - \dfrac{V}{V_0} = 1 - D = \left(1 - \dfrac{\rho_0}{\rho}\right) \times 100\%$	平均试样的孔隙率
1				
2				

任务五　吸水率与含水率试验

任务目标

工程材料吸水后，会导致自重增加、保温隔热性能降低，强度和耐久性、抗冻性、导热性等性能发生变化，通过材料的吸水率和含水率试验，可估计材料的各项性能。通过本次任务的学习，学生要掌握工程材料吸水率与含水率试验的正确操作方法与试验报告单的填写。

知识链接

一、吸水性

材料的吸水性是指材料在水中吸收水分达到饱和的能力，吸水性用吸水率表示。吸水率有质量吸水率和体积吸水率两种表达方式，分别以 W_w 和 W_v 表示，计算式如下：

$$W_w = \frac{m_2 - m_1}{m_1} \times 100\% \tag{1-14}$$

$$W_v = \frac{V_w}{V_0} = \frac{m_2 - m_1}{V_0} \cdot \frac{1}{\rho_0} \times 100\% \tag{1-15}$$

式中：W_w——质量吸水率(%)；

　　　W_v——体积吸水率(%)；

　　　m_2——材料在吸水饱和状态下的质量(g)；

m_1——材料在绝对干燥状态下的质量(g);

V_w——材料所吸收水分的体积(cm^3);

ρ_0——水的密度,常温下可取 $1g/cm^3$。

对于质量吸水率大于100%的材料,如木材等通常采用体积吸水率,而对于大多数材料,经常采用质量吸水率。两种吸水率存在以下关系:

$$W_v = W_w \rho_0 \tag{1-16}$$

这里 ρ_0 是干燥体积密度,单位采用 g/cm^3。影响材料吸水性的主要因素有材料本身的化学组成、结构和构造状况,尤其是孔隙状况。一般来说,材料的亲水性越强,孔隙率越大,连通的毛细孔隙越多,其吸水率越大。不同的材料其吸水率变化范围很大,花岗岩为0.5%～0.7%,内墙釉面砖为12%～20%,普通混凝土为2%～4%,材料的吸水率越大,其吸水后强度下降越大,导热性增大,抗冻性随之下降。

二、吸湿性

材料的吸湿性是指材料在潮湿空气中吸收水分的能力。吸湿性用含水率 W_H 表示,计算式如下:

$$W_H = \frac{m_k - m_1}{m_1} \times 100\% \tag{1-17}$$

式中:W_H——材料的含水率(%);

m_k——材料在吸湿后的质量(g);

m_1——材料在绝对干燥状态下的质量(g)。

影响材料吸湿性的因素,除材料本身的化学组成、结构、构造及孔隙外,还与环境的温度、湿度有关。材料堆放在工地现场,不断向空气中挥发水分,又同时从空气中吸收水分,其稳定的含水率达到挥发与吸收动态平衡的一种状态。例如,在混凝土的施工配合比设计中要考虑砂、石含水率的影响。

技能训练

一、试验目的

材料的吸水率和含水率是指材料中水的质量与材料的干燥质量之比。材料吸水率与含水率的大小对其强度、抗冻性、导热性等性能影响很大,通过材料的吸水率,可估计材料的各项性能。

二、试验器材

本试验所需器材有天平、烘箱、玻璃盆和游标卡尺(图1-11)等。

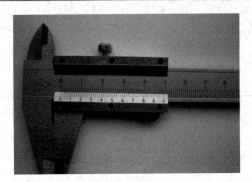

图 1-11 游标卡尺

三、试样制备

将试样置于温度为(105±5)℃的烘箱中烘干至恒重，再放入干燥器内冷却至室温待用。

四、试验方法及步骤

(1) 从干燥器内取出试样称其质量 m_1。将试样放入玻璃盆中，在盆底放置垫条(玻璃管或玻璃棒)，使试样和盆底有一定距离，试样之间留出 1～2 cm 的间隙，使水能够自由进入。

(2) 加水至试样高度的 1/3 处，过 24 h 后再加水至试样高度的 2/3 处，再过 24h 后加满水，并放置 24 h。逐次加水的目的是使试样内的空气排出。

(3) 取出试样，用拧干的湿毛巾擦去试样表面水分后称取质量 m_2。

(4) 为检验试样是否吸水饱和，可将试样重新浸入水中至试样高度的 3/4 处，过 24 h 后重新称量，两次称量结果只差不超过 1%即可认为吸水饱和。

五、试验结果评定

测量的质量吸水率和体积吸水率按下述计算：

$$W_w = \frac{m_2 - m_1}{m_1} \times 100\% \qquad (1\text{-}18)$$

$$W_v = \frac{V_w}{V_0} = \frac{m_2 - m_1}{V_0} \cdot \frac{1}{\rho_0} \times 100\% \qquad (1\text{-}19)$$

式中：W_w——质量吸水率(%)；

$\quad\quad W_v$——体积吸水率(%)；

$\quad\quad m_2$——材料在吸水饱和状态下的质量(g)；

$\quad\quad m_1$——材料在绝对干燥状态下的质量(g)；

$\quad\quad V_w$——材料所吸收水分的体积(cm^3)；

$\quad\quad \rho_0$——水的密度，常温下可取 $1g/cm^3$。

按规定，材料的吸水率测试应用 3 个试样平行进行，并以 3 个试样吸水率的算术平均值作为测试结果。

六、填写试验报告单

吸(含)水率试验报告单如表 1.8 所示。

表 1.8　吸(含)水率试验报告单

试样编号	烘干的砂试样质量 m_1/g	试样吸水后擦干表面水分后的质量 m_2/g	试样的吸(含)水率 $W_w = \dfrac{m_2 - m_1}{m_1} \times 100\%$	平均吸(含)水率
1				
2				
3				

项 目 拓 展

材料与水接触时，首先遇到的问题就是材料能否被水所湿润。湿润是水被材料表面吸附的过程，它与材料本身性质有关。在材料、水和空气交界处，沿水滴表面作切线，此切线和水与材料接触面所形成的夹角 θ 称为润湿角，如图 1-12 所示。若润湿角 $\theta \leqslant 90°$，称该材料是亲水性材料。反之，若润湿角 $\theta > 90°$，称该材料是憎水性材料。

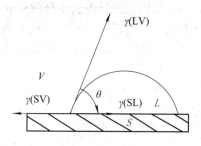

图 1-12　润湿角

材料的耐水性是指材料长期在水的作用下不被破坏、强度也不显著降低的性质。衡量材料耐水性的指标是材料的软化系数，以 K_R 表示。

材料的抗渗性可用渗透系数和抗渗等级表示。

抗冻性是指材料在吸水饱和状态下，能经受多次冻融循环作用而不被破坏且强度也不明显降低的性质。材料的抗冻性用抗冻等级表示。

材料的热容性是指材料受热时吸收热量或冷却时释放热量的能力，它以材料升温或降温时热量的变化来表示。

材料的导热性是指材料两侧有温差时，热量由温度高的一侧向温度低的一侧传递的能力，也就是导热的能力。材料的导热性以热导系数 λ 表示。

材料的热变形性是指材料在温度升高或降低时体积变化的性质。

强度是指材料在外力(荷载)作用下抵抗破坏的能力。材料所受到的外力主要有压力、拉力、剪力和弯曲力多种形式。材料抵抗这些外力破坏的能力分别称为抗压强度、抗拉强度、抗剪强度和抗弯强度。

弹性和塑性是材料变形性能，它们主要描述的是材料变形是否恢复原状的特性。弹性是指材料在外力作用下发生变形，当外力解除后能完全恢复到变形前形状的性质，这种变形称为材料外力作用或可恢复变形。塑性是指材料外力作用下发生变形，当外力解除后，不能完全恢复原来形状的性质。

脆性是指材料受力达到一定程度时突然发生破坏，且破坏时无明显塑性变形的性质。

材料在冲击或动力荷载作用下，能吸收较多的能量产生一定的变形而不被破坏的性质，称为韧性或冲击韧性。

硬度是指材料表面耐较大物体刻划或压入而产生塑性变形的能力。

耐磨性是指材料表面抵抗磨损的能力，材料的耐磨性用磨耗率表示。

材料的耐久性泛指材料在使用条件下，受各种内在或外来自然因素及有害介质的作用，能长久地保持其使用性能的性质。

项 目 小 结

工程材料在使用环境下，需要承受一定的荷载、经受周围各种介质的物理、化学作用。本项目的重点是工程材料的组成和结构、材料的结构状态参数、材料与水有关的性质，通过五个试验训练，学生可掌握工程材料性质的检测方法。

1. 材料的结构状态参数

(1) 材料密度、表观密度、体积密度、堆积密度；

(2) 材料的密实度和孔隙率；

(3) 材料的填充率和空隙率。

2. 材料与水有关的性质

(1) 吸水性；

(2) 吸湿性。

思 考 与 练 习

一、填空题

1. 当孔隙率相同时，分布均匀而细小的封闭孔隙含量越大，则材料的吸水率_____、保温性能_____、耐久性_____。

2. 弹性模量是衡量材料抵抗_____的一个指标，其值_____，材料受力时越不容易变形。

二、单选题

1. 材料的孔隙率增大，则(　　)。

A. 表观密度减小，强度降低　　　　　　　　B. 密度减小，强度降低

C. 表观密度增大，强度提高   D. 密度增大，强度提高

2. 当材料的润湿角 θ (   )时，称为亲水性材料。

A. $>90°$ B. $\geqslant 90°$ C. $\leqslant 90°$ D. $0°$

三、计算题

配置混凝土用的卵石，表观密度是 2.53 g/cm³，堆积密度是 1560 kg/m³，试求空隙率。若用堆积密度为 1460 kg/m³ 的砂填满 1 m³ 的该卵石空隙，需要多少千克的砂？

实训项目二   水泥性能与检测

项目分析

本项目通过介绍工程常用硅酸盐水泥的相关性质，要求了解水泥的细度、标准稠度用水量、凝结时间、体积安定性、水泥强度的概念，掌握相关试验的操作方法，并能正确写出试验报告。

本项目需要完成以下任务：

(1) 细度试验。

(2) 标准稠度用水量试验。

(3) 凝结时间试验。

(4) 体积安定性试验。

(5) 水泥胶砂强度试验。

知识目标

(1) 了解硅酸盐水泥有关的性质。

(2) 了解水泥性质对工程的影响。

(3) 了解工程选择水泥的一般方法。

能力目标

(1) 掌握硅酸盐水泥性质试验方法与步骤。

(2) 掌握硅酸盐水泥性质试验报告的正确填写方法。

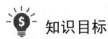

任务一   细 度 试 验

任务目标

以工程中常见通用硅酸盐水泥为基本原材料，通过对水泥的取样、制备、试验具体操作、试验结果评定，掌握通用硅酸盐水泥细度试验的正确操作方法与试验报告单的填写。

知识链接

一、细度的概念

细度是指水泥颗粒的粗细程度。水泥的细度影响水泥需水量、凝结时间、强度和安定性。

硅酸盐水泥和普通硅酸盐水泥以比表面积表示，根据国家标准规定，不小于 $300~m^2/kg$；矿渣硅酸盐水泥、火山灰质硅酸盐水泥、粉煤灰硅酸盐水泥和复合硅酸盐水泥以筛余表示，$80~\mu m$ 方孔筛筛余不大于 10%或 $45~\mu m$ 方孔筛筛余不大于 30%。

水泥颗粒越细，与水反应的表面积越大，因而水化反应的速度越快，水泥石的早期强度越高，但水泥颗粒过细，硬化体的收缩也大，易产生裂缝，而且水泥在储运过程中易受潮而降低活性，因此，水泥细度应适当。

二、水泥试验取样的方法

《水泥取样方法》(GB/T 12573)规定取样应在有代表性的部位进行，并且不应在污染严重的环境中取样，一般在以下部位取样：水泥输送管路中、袋装水泥堆场、散装水泥卸料处或水泥运输机具上。分割样的取样量应符合下列规定：袋装水泥，每 1~10 编号从一袋中取至少 6 kg；散装水泥，每 1~10 编号在 5 min 内取至少 6 kg。

技能训练

一、试验目的

水泥细度是水泥的重要技术要求。水泥细度对水泥强度有较大的影响，同时也影响水泥的体积安定性、泌水性等，并影响水泥的生产产量与能耗。

水泥细度检验分为比表面积法和筛析法。比表面积法适合用于硅酸盐水泥，筛析法适合用于其他各种水泥；筛析法又分为负压筛法、水筛法和手工干筛法。在检验工作中，如负压筛法与水筛法或手工干筛法测定结果发生争议时，以负压筛法为准。在没有负压筛和水筛的情况下，可使用手工干筛法。

二、试验器材

负压筛析仪(图 2-1)、试验筛(图 2-2)、水筛架、电子天平、浅盘、毛刷等。

图 2-1　负压筛析仪

图 2-2　试验筛

三、试样制备

将按上述规定处理过的水泥在 105℃～110℃的烘箱中烘至恒重，然后在干燥器内冷却至室温。

四、试验方法及步骤

试验前所用试验筛应保持清洁，负压筛和手工筛应保持干燥。试验时，80 μm 筛析试验称取试样 25 g，45 μm 筛析试验称取试样 10 g。

1. 负压筛析法

(1) 筛析试验前应把负压筛放在筛座上，盖上筛盖，接通电源，检查控制系统，调节负压至 4000～6000 Pa 范围内。

(2) 称取试样精确至 0.01 g，置于洁净的负压筛中，放在筛座上，盖上筛盖，接通电源，开动筛析仪连续筛析 2 min，在此期间如有试样附着在筛盖上，可轻轻地敲击筛盖使试样落下。筛毕，用天平称量全部筛余物。

2. 水筛法

(1) 筛析试验前，应检查水中无泥、砂，调整好水压及水筛架的位置，使其能正常运转，并控制喷头底面和筛网之间的距离为 35～75 mm。

(2) 称取试样精确至 0.01 g，置于洁净的水筛中，立即用淡水冲洗至大部分细粉通过后，放在水筛架上，用水压为(0.05 ± 0.02)MPa 的喷头连续冲洗 3 min。筛毕，用少量水把筛余物冲至蒸发皿中，等水泥颗粒全部沉淀后，小心倒出清水，烘干并用天平称量全部筛余物。

3. 手工筛析法

(1) 称取水泥试样，精确至 0.01 g，倒入手工筛内。

(2) 用一只手持筛往复摇动，另一只手轻轻拍打，往复摇动和拍打过程应保持近于水平。拍打速度每分钟约 120 次，每 40 次向同一方向转动 60°，使试样均匀分布在筛网上，直至每分钟通过的试样量不超过 0.03 g 为止，称量全部筛余物。

五、试验结果评定

水泥试样筛余百分数按下式计算：

$$F = \frac{R_\mathrm{t}}{W} \times 100 \qquad\qquad (2\text{-}1)$$

式中：F——水泥试样的筛余百分数，单位为质量百分数(%)；

　　　R_t——水泥筛余物的质量，单位为克(g)；

　　　W——水泥试样的质量，单位为克(g)。

结果计算至 0.1%。

六、填写试验报告单

水泥细度试验报告单如表 2.1 所示。

表 2.1　水泥细度试验报告单

所选水泥样品产地、厂名＿＿＿＿＿＿＿＿＿＿＿

　　水泥品种：＿＿＿＿＿＿＿　　出厂标号：＿＿＿＿＿＿＿

编号	试样质量/g	筛余量/g	筛余百分数/(%)	备注
结论：	根据国家标准 GB＿＿＿＿＿＿＿＿＿＿＿＿＿＿＿＿＿＿＿＿＿＿ 该水泥细度为＿＿＿＿＿＿＿＿＿＿＿＿＿＿＿＿＿＿＿＿＿			

任务二　标准稠度用水量试验

任务目标

以工程中常见通用硅酸盐水泥为基本原材料，通过对水泥的取样、制备、试验具体操作、试验结果评定，掌握通用硅酸盐水泥标准稠度用水量试验的正确操作方法与试验报告单的填写。

知识链接

一、标准稠度用水量的概念

水泥标准稠度是指以标准方法拌制水泥净浆、测试，并达到规定的可塑性时的稠度。水泥净浆标准稠度用水量是指水泥净浆达到标准稠度所需的加水量，它用水和水泥质量之比的百分数表示。在测定水泥凝结时间、体积安定性等性能时，为使所测结果有可比性，规定在试验时所使用的水泥净浆必须按国家标准《水泥标准稠度用水量、凝结时间、安定性检验方法》规定进行测试，并达到规定的水泥净浆标准稠度。由于各种水泥的矿物组成、细度和混合材料的种类及掺量不同，拌和成标准稠度时的用水量也不同，水泥标准稠度用水量一般为24%～33%。

二、标准稠度用水的测定方法

测定水泥标准稠度用水量的方法一般都采用标准法。

技能训练

一、试验目的

标准稠度用水量是水泥净浆以标准方法测试而达到统一规定的浆体可塑性所需加的用水量，而水泥的凝结时间和安定性都和用水量有关，因此测试可消除试验条件的差异，有利于比较，同时为凝结时间和安定性试验做好准备。

二、试验器材

标准稠度与凝结时间测定仪(维卡仪)(图2-3)、装净浆用锥模(图2-4)、净浆搅拌机(图2-5)、平板玻璃、拨刀等。

图2-3　维卡仪　　　　　图2-4　锥模　　　　　图2-5　净浆搅拌机

三、试样制备

用水泥净浆搅拌机搅拌，搅拌锅和搅拌叶片先用湿布擦过，将拌和水倒入搅拌锅内，然后在5～10 s内小心将称好的500 g水泥加入水中，防止水和水泥溅出；拌和时，先将锅放在搅拌机的锅座上，升至搅拌位置，启动搅拌机，低速搅拌120 s，停15 s，同时将叶片和锅壁上的水泥浆刮入锅中间，接着高速搅拌120 s停机。

四、试验方法及步骤

取适量水泥净浆一次性装入已置于玻璃底板上的试模中，浆体超过试模上端，用宽约25 mm的直边刀轻轻拍打超出试模部分的浆体5次以排除浆体中的孔隙，然后在试模上表面约1/3处，略倾斜于试模分别向外轻轻锯掉多余净浆，再从试模边沿轻抹顶部一次，使净浆表面光滑。在锯掉多余净浆和抹平的操作过程中，注意不要压实净浆；抹平后迅速将试模和底板移到维卡仪上，并将其中心定在试杆下，降低试杆直至与水泥净浆表面接触，拧紧螺丝 1～2 s 后，突然放松，使试杆垂直自由地沉入水泥净浆中。在试杆停止沉入或释放试杆 30 s 时记录试杆距底板之间的距离，升起试杆后，立即擦净；整个操作应在搅拌后 1.5 min 内完成。

五、试验结果评定

以试杆沉入净浆并距底板 6 mm ± 1 mm 的水泥净浆为标准稠度净浆。其拌和水量为该水泥的标准稠度用水量(P)，按水泥质量的百分比计。

六、填写试验报告单

水泥标准稠度用水量试验报告单见表 2.2。

表 2.2　水泥标准稠度用水量试验报告单

室温：　　℃；相对湿度：　　%

编号	试样质量/g	固定用水量/cm³	下沉深度/mm	标准稠度用水量/cm³

任务三　凝结时间试验

任务目标

以工程中常见通用硅酸盐水泥为基本原材料，通过对水泥的取样、制备、试验具体操作、试验结果评定，掌握通用硅酸盐水泥凝结时间试验的正确操作方法与试验报告单的填写。

知识链接

一、凝结时间的概念

凝结时间是指水泥从加水开始到失去流动性，即从可塑状态发展到开始形成固体状态所需的时间。水泥凝结时间分为初凝时间和终凝时间。初凝时间为水泥从开始加水拌和起至水泥浆开始凝结所需的时间；终凝时间是从水泥开始加水拌和起至水泥浆完全凝结，并开始产生强度所需的时间。

水泥的凝结时间对施工有重大意义。水泥的初凝不宜过短，以便在施工时有足够的时间完成混凝土或砂浆的搅拌、运输、浇筑和振捣等操作；水泥的终凝不宜过长，以便使混凝土尽快硬化具有一定的强度，尽快拆除模板，提高施工效率。国家标准规定：硅酸盐水泥初凝时间不得早于 45 min，终凝时间不得迟于 390 min。

二、凝结时间的测定方法

水泥初凝时间是采用标准稠度用水量用初凝试针进行测定；水泥终凝时间是采用标准稠度用水量用终凝试针进行测试。

技能训练

一、试验目的

测定水泥加水后至开始凝结(初凝)以及凝结终了(终凝)所用的时间，用以评定水泥性质。

二、试验器材

凝结时间测定仪、净浆搅拌机、拌和铲、圆模、试针(图 2-6)等。

图 2-6 试针

三、试样制备

用水泥净浆搅拌机搅拌，搅拌锅和搅拌叶片先用湿布擦过，将拌和水倒入搅拌锅内，然后在 5～10 s 内小心将称好的 500 g 水泥加入水中，防止水和水泥溅出；拌和时，先将锅放在搅拌机的锅座上，升至搅拌位置，启动搅拌机，低速搅拌 120 s，停 15 s，同时将叶片和锅壁上的水泥浆刮入锅中间，接着高速搅拌 120 s 停机(同项目二任务二水泥标准稠度用水量制备)。

四、试验方法及步骤

1. 初凝时间的测定

试件在湿气养护箱中养护至加水后 30 min 时进行第一次测定。测定时，从湿气养护箱中取出试模放到试针下，降低试针与水泥净表面接触。拧紧螺丝 1～2 s 后，突然放松，试针垂直自由地沉入水泥净浆。观察试针停止下沉或放试针 30 s 时指针的读数。临近初凝时间时每隔 5 min(或更短时间)测定一次，当试针沉至距底板(4±1)mm 时，为水泥达到初凝状态；由水泥全部加入水中至初凝状态的时间为水泥的初凝时间，用 min 来表示。

2. 终凝时间的测定

为了准确观测试针沉入的状况，在终凝针上安装了一个环形附件，在完成初凝时间测定后，立即将试模连同浆体以平移的方式从玻璃板取下，翻转 180°，直径大端向上，小端向下放在玻璃板上，再放入湿气养护箱中继续养护。临近终凝时间时每隔 15 min(或更短时间)测定一次，当试针沉入试体 0.5 mm 时，即环形附件开始不能在试体上留下痕迹时，为水泥达到终凝状态。由水泥全部加入水中至终凝状态的时间为水泥的终凝时间，用 min 来表示。

3. 测定注意事项

测定时应注意，在最初测定操作时应轻轻扶持金属柱，使其徐徐下降，以防试针撞弯，但结果以自由下落为准；在整个测试过程中试针沉入的位置至少要距试模内壁 10 mm，临近初凝时，每隔 5 min(或更短时间)测定一次，临近终凝时每隔 15 min(或更短时间)测定一次，到达初凝时应立即重复测一次，当两次结论相同时才能确定到达初凝状态，到达终凝时，需要在试体另外两个不同点测试，确认结论相同才能确定到达终凝状态。每次测定不能让试针落入原针孔，每次测试完毕须将试针擦净并将试模放回湿气养护箱内，整个测试过程要防止试模受振。

五、试验结果评定

试针沉至距底板(4±1)mm 时，为水泥达到初凝状态；环形附件开始不能在试体上留下痕迹时，为水泥达到终凝状态。

六、填写试验报告单

水泥凝结时间试验报告单如表 2.3 所示。

表 2.3　水泥凝结时间试验报告单

厂　　　家				品　　种			
试验编号				试验日期			
项目	初凝时间			终凝时间			
序号	测试时间	时长	温度	距底板距离 4±1	测试时间	时长	温度	试针深度
		min	℃	mm		min	℃	mm
1								
2								
3								
4								
5								
6								
7								
8								
9								
10								
凝结时间结果	加水时间							
	初凝时间							
	终凝时间							
结论								

任务四　体积安定性试验

任务目标

　　以工程中常见通用硅酸盐水泥为基本原材料，通过对水泥的取样、制备、试验具体操作、试验结果评定，掌握通用硅酸盐水泥体积安定性试验的正确操作方法与试验报告单的填写。

知识链接

一、体积安定性的概念

　　体积安定性是指水泥在凝结过程中体积变化的均匀性。安定性不良的水泥，在浆体硬化过程中或硬化后体积发生不均匀的膨胀、翘曲，并引起开裂。体积安定性不良的水泥应做不合品处理，严禁用于工程中。

二、体积安定性的检测方法

　　雷氏法通过测定水泥标准稠度净浆在雷氏夹中沸煮后试针的相对位移表征其体积膨胀的程度；试饼法通过观测水泥标准稠度净浆试饼煮沸后的外形变化情况表征其体积安定性。

技能训练

一、试验目的

　　安定性是水泥硬化后体积变化是否均匀的性质，体积的不均匀变化会引起膨胀、开裂或翘曲等现象，水泥体积安定性是否满足要求是工程中对水泥性质检测的必检项目，主要用于工程水泥是否适用等问题。

二、试验器材

　　沸煮箱、雷氏夹膨胀值测量仪(图 2-7)、雷氏夹(图 2-8)、水泥净浆搅拌机、玻璃板等。

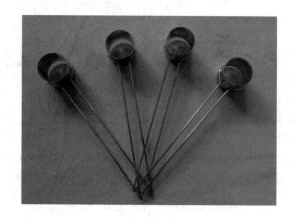

图 2-7　雷氏夹膨胀值测量仪　　　　　　　　　　图 2-8　雷氏夹

三、试样制备

用水泥净浆搅拌机搅拌，搅拌锅和搅拌叶片先用湿布擦过，将拌和水倒入搅拌锅内，然后在 5～10 s 内小心将称好的 500 g 水泥加入水中，防止水和水泥溅出；拌和时，先将锅放在搅拌机的锅座上，升至搅拌位置，启动搅拌机，低速搅拌 120 s，停 15 s，同时将叶片和锅壁上的水泥浆刮入锅中间，接着高速搅拌 120 s 停机(同项目二任务二、三水泥标准稠度用水量、水泥体积安定性)。

四、试验方法及步骤

1. 安定性的测定(试饼法)

1) 试验前准备工作

每个样品需准备两块边长约 100 mm 的玻璃板，凡与水泥净浆接触的玻璃板都要稍稍涂上一层油。

2) 试饼法(代用法)的成型方法

将制好的标准稠度净浆取出一部分分成两等份，使之成球形，放在预先准备好的玻璃板上，轻轻振动玻璃板并用湿布擦过的小刀由边缘向中央抹，做成直径 70～80 mm、中心厚约 10 mm、边缘渐薄、表面光滑的试饼，接着将试饼放入湿气养护箱内养护(24 ± 2)h。

(1) 沸煮。

① 调整好沸煮箱内的水位，使能保证在整个沸煮过程中都超过试件，不需中途添补试验用水，同时又能保证在(30 ± 5)min 内升至沸腾。

② 脱去玻璃板取下试饼，在试饼无缺陷的情况下将试饼放在沸煮箱水中的篦板上，在(30 ± 5)min 内加热至沸，并恒沸(180 ± 5)min。

(2) 结果判别。

沸煮结束后，立即放掉沸煮箱中的热水，打开箱盖，待箱体冷却至室温，取出试件进行判别。目测试饼未发现裂缝,用钢直尺检查也没有弯曲(使钢直尺和试饼底部紧靠,以两者间不透光为不弯曲)的试饼为安定性合格,反之为不合格。当两个试饼判别结果有矛盾时,该水泥的安定性为不合格。

2. 安定性的测定(雷氏夹法)

(1) 测定前的准备工作。

每个试样需成型两个试件,每个雷氏夹需配备两个边长或直径约 80 mm、厚度 4~5 mm 的玻璃板,凡与水泥净浆接触的玻璃板和雷氏夹内表面都要稍稍涂上一层油。

(2) 雷氏夹试件的成型。

将预先准备好的雷氏夹放在已稍擦油的玻璃板上,并立即将已制好的标准稠度净浆一次装满雷氏夹,装浆时一只手轻轻扶持雷氏夹,另一只手用宽约 25 mm 的直边刀在浆体表面轻轻插捣 3 次,然后抹平,盖上稍涂油的玻璃板,接着立即将试件移至湿气养护箱内养护(24 ± 2)h。

(3) 沸煮。

① 调整好沸煮箱内的水位,使能保证在整个沸煮过程中都超过试件,不需中途添补试验用水,同时又能保证在(30 ± 5)min 内升至沸腾。

② 脱去玻璃板取下试件,先测量雷氏夹指针尖端间的距离(A),精确到 0.5 mm,接着将试件放入沸煮箱水中的试件架上,指针朝上,然后在(30 ± 5)min 内加热至沸,并恒沸(180 ± 5)min。

(4) 结果判别。

沸煮结束后,立即放掉沸煮箱中的热水,打开箱盖,待箱体冷却至室温,取出试件进行判别。测量雷氏夹指针尖端的距离(C),准确至 0.5 mm,当两个试件煮后增加距离($C - A$)的平均值不大于 5.0 mm 时,即认为该水泥安定性合格,当两个试件煮后增加距离($C - A$)的平均值大于 5.0 mm 时,应用同一样品立即重做一次试验。以复检结果为准。

五、试验结果评定

沸煮结束后,立即放掉沸煮箱中的热水,打开箱盖,待箱体冷却至室温,取出试件进行辨别。目测试件未发现裂缝,用钢尺检查也没有弯曲的试饼为安定性合格,反之为不合格。当两个试饼辨别结果有矛盾时,该水泥的安定性为不合格。

六、填写试验报告单

水泥体积安定性试验报告(雷氏夹法)如表 2.4 所示。

表 2.4　水泥体积安定性试验报告(雷氏夹法)

编号	沸煮前针尖端尖间距 A/mm	沸煮后针尖端尖间距 C/mm	沸煮后针间距增加值 $C - A$/mm	平均值
1				
2				

任务五　水泥胶砂强度试验

以工程中常见通用硅酸盐水泥为基本原材料,通过对水泥的取样、制备、试验具体操作、试验结果评定,掌握通用硅酸盐水泥胶砂强度试验的正确操作方法与试验报告单的填写。

一、水泥强度及强度等级

水泥的强度是指水泥胶砂硬化试体所能承受外力破坏的能力;水泥的强度等级指在标准条件下养护 28 d 所达到的抗压强度。

水泥的强度是水泥的重要指标,是评定水泥强度等级的依据。水泥强度与水泥的矿物组成、水泥的细度、混合材料的品种及掺量等因数有关。

二、水泥强度等级的测定方法

根据规定的方法,将水泥、标准砂和水按 1∶3∶0.5 的比例,制成 40 mm × 40 mm × 160 mm 的棱柱试体,试体连模一起在湿气中养护 24 h,然后脱模在水中养护至试验龄期(试体带模养护的养护箱或雾室温度保持在(20 ± 1)℃、相对湿度不低于 90%,试体养护池水温度应在(20 ± 1)℃范围内),分别按规定的方法测定其 3 d 和 28 d 的抗压强度和抗折强度。

一、试验目的

根据国家标准要求,用 ISO 胶砂法测定水泥各标准龄期的强度,从而确定和检验水泥的强度等级。

二、试验器材

行星式水泥胶砂搅拌机(图 2-9)、胶砂振实台(图 2-10)、试模(图 2-11,三联模 40 mm × 40 mm × 160 mm)、抗折试验机(图 2-12)、抗压试验机(图 2-13)及抗压夹具、天平、刮平刀、标准养护箱(20 ± 1)℃,相对湿度大于 90%),养护水槽(深度>100 mm)。

图 2-9　水泥胶砂搅拌机　　　　　　　　图 2-10　胶砂振实台

图 2-11　三联试模　　　　　图 2-12　抗折试验机　　　　图 2-13　抗压试验机

三、试样制备

(1) 成型前将试模擦净，四周模板与底板的接触面应涂黄干油，紧密装配，防止漏浆，内壁均匀涂一薄层机油。

(2) 水泥与标准砂的质量比为 1∶3，水灰比为 0.50(5 种常用水泥品种都相同，但用火山灰水泥进行胶砂检验时用水量按水灰比 0.50 计，若流动性小于 180 mm 时，需以 0.01 的整倍数递增的方法将水灰比调至胶砂流动度不小于 180 mm)。

(3) 每成型三条试件需称量水泥(450±2)g，中国 ISO 标准砂(1350±5)g，水(225±1)g。

水泥、砂、水和试验用具的温度与实验室温度相同。称量用的天平精度应为 ±1 g，当用自动滴管加 225 mL 水时，滴管精度应达到 ±1 mL。

(4) 先将称好的水倒入搅拌锅内，再倒入水泥，将袋装的标准砂倒入搅拌机的标准砂斗内。开动搅拌机，搅拌机先慢速搅拌 30 s 后，开始自动加入标准砂并慢速搅拌 30 s，然后自动快速搅拌 30 s 后停机 90 s，将黏在搅拌锅上部边缘的胶砂刮下，搅拌机再自动开动，搅拌 60 s 停止。取下搅拌锅。

(5) 胶砂搅拌的同时，将试模漏斗卡紧在振实台中心，将搅拌好的一半胶砂均匀地装入下料漏斗中，用大播料器垂直架在横套顶部沿整个模槽来回将料层播平。开动振实台，振动 60 次停车。再装入第二层胶砂，用小播料器播平，再振实 60 次。

(6) 振动完毕，取下试模，用刮刀轻轻刮去高出试模的胶砂并抹平，接着在试件上编号，编号时应将试模中的三条试件分在两个以上的龄期内。

(7) 试验前或更换水泥品种时，搅拌锅、叶片、下料漏斗须擦干净。

养护，养护的目的是为保证水泥的充分水化，并防止干燥收缩开裂。

(1) 试件编号后，将试模放入标准养护箱或雾室，养护温度保持在(20 ± 1)℃，相对湿度不低于 90%，养护箱内蓖板必须水平，养护(24 ± 3)h 后取出试模，脱模时应防止试件损伤，硬化较慢的水泥允许延期脱模，但须记录脱模时间。

(2) 试件脱模后，立即放入水槽中养护，水温为 20℃，试件之间应留有空隙，水面至少高出试件 20 mm，养护水每两周换一次。

试验结果确定，各龄期的试件必须在规定的 3 d ± 45 min、7 d ± 2 h、28 d ± 8 h 内进行强度测试。试件从水中取出后，在强度试验前应先用湿布覆盖。

四、试验方法及步骤

1. 抗折强度的测定

(2) 到龄期时取出三个试件，先做抗折强度的测定，测定前需擦去试件表面水分，清除夹具上水分和砂粒以及夹具上圆柱表面黏附的杂物，将试件放入抗折夹具内，使试件侧面与圆柱接触。

(2) 采用杠杆式抗折试验机试验时，试件放入前应使杠杆成平衡状态。试件放入后调整夹具，使杠杆在试件折断时，尽可能接近平衡位置。

(3) 抗折测定时的加荷速度为(50 ± 10)N/s。

(4) 抗折强度按下式计算(精确到 0.01 MPa)：

$$R_f = \frac{3FL}{2b^2}$$

式中：R_f——抗折强度(MPa)；

F——破坏荷载(N)；

L——支撑圆柱之间的中心距离(mm)，取为 100 mm；

b——棱柱体正方形截面的边长(mm)，取为 40 mm。

2. 抗压强度的测定

(1) 抗折试验后的 6 个断块，应立即进行抗压试验，抗压强度测定需用抗压夹具进行，试件受压断面为 40 mm × 40 mm，试验前应清除试件受压面与加压板间的砂粒或杂物。试验时，以试件的侧面作为受压面，并使夹具对准压力机压板中心。

(2) 压力机加荷速度应控制在(2400 ± 200)N/s 范围内，接近破坏时应严格控制。

(3) 抗压强度按下式计算(精确至 0.1 MPa)：

$$R_C = \frac{F_C}{A}$$

式中：R_C——抗压强度(MPa)；

F_C——破坏荷载(N)；

A——受压面积(mm)，为 40 mm × 40 mm。

五、试验结果评定

以三个试件的算术平均值并精确至 0.1 MPa 作为抗折强度的试验结果；当三个强度值中

有一个超过平均值的 ±10% 时，应予剔除，以其余两个强度值的算术平均值作为抗折强度的测定结果；若有两个强度值超过平均值的 ±10% 时，也剔除；抗压强度以 6 个试件抗压强度值的算术平均值确定，若 6 个强度值中有一个超出平均值的 ±10%，则剔除此值，以其余 5 个强度值的算术平均值作为结果。如果 5 个测定值中再有超过它们平均值的 ±10% 者，则试验作废。如不足 6 个时，取平均值。

六、填写试验报告单

水泥强度试验报告单如下。

(1) 试件成型试验报告单如表 2.5 所示。

表 2.5 试件成型试验报告单

日期　　年　　月　　日

成型三条试件所需材料用量		
水　泥/g	标准砂/g	水/cm^3
测试日期	年　月　日	龄期　　　　天

(2) 抗折强度测定试验报告单如表 2.6 所示。

表 2.6 抗折强度测定试验报告单

加荷速度：N/s

编号	试件尺寸/mm			破坏荷载 P/N	抗折强度 f/MPa	抗折强度平均值/MPa
	宽 b	高 h	跨距 L			
	40	40	100			

(3) 抗压强度测定试验报告单如表 2.7 所示。

表 2.7 抗压强度测定试验报告单

加荷速度：N/s

编号	受压面积 F/mm^2	破坏荷载 P/N	抗压强度 f/MPa	抗压强度平均值/MPa
1				
2				
3				
4				
5				
6				

(4) 确定水泥强度等级(只按试验一个龄期的强度评定)。

根据国家标准_____，

该水泥强度等级为_____。

项 目 拓 展

1. 通用水泥的基础知识

1) 通用水泥的分类

按混合材料的品种和掺量分为硅酸盐水泥、普通硅酸盐水泥、矿渣硅酸盐水泥、火山灰质硅酸盐水泥、粉煤灰硅酸盐水泥和复合硅酸盐水泥。

(1) 硅酸盐水泥。由硅酸盐水泥熟料、0%～5%石灰石或粒化高炉矿渣、适量石膏磨细制成的水硬性胶凝材料，称为硅酸盐水泥，分 P.Ⅰ 和 P.Ⅱ，即国外通称的波特兰水泥。

(2) 普通硅酸盐水泥。由硅酸盐水泥熟料、6%～15%混合材料，适量石膏磨细制成的水硬性胶凝材料，称为普通硅酸盐水泥(简称普通水泥)，代号：P.O。

(3) 矿渣硅酸盐水泥。由硅酸盐水泥熟料、粒化高炉矿渣和适量石膏磨细制成的水硬性胶凝材料，称为矿渣硅酸盐水泥，代号：P.S。

(4) 火山灰质硅酸盐水泥。由硅酸盐水泥熟料、火山灰质混合材料和适量石膏磨细制成的水硬性胶凝材料，称为火山灰质硅酸盐水泥，代号：P.P。

(5) 粉煤灰硅酸盐水泥。由硅酸盐水泥熟料、粉煤灰和适量石膏磨细制成的水硬性胶凝材料，称为粉煤灰硅酸盐水泥，代号：P.F。

(6) 复合硅酸盐水泥。由硅酸盐水泥熟料、两种或两种以上规定的混合材料和适量石膏磨细制成的水硬性胶凝材料，称为复合硅酸盐水泥(简称复合水泥)，代号 P.C。

2) 水泥熟料及其特性

熟料是以石灰石和黏土、铁质原料为主要原料，按适当比例配制成生料，烧至部分或全部熔融，并经冷却而获得的半成品。水泥生料的配合比不同，直接影响硅酸盐水泥熟料的矿物成分比例和主要建筑技术性能，水泥生料在窑内的烧成(煅烧)过程，是保证水泥熟料质量的关键。

水泥熟料的烧成，在达到 1000℃时各种原料完全分解出水泥中的有用成分，主要是氧化钙(CaO)、二氧化硅(SiO_2)和少量的氧化铝(Al_2O_3)和氧化铁(Fe_2O_3)，其中在 800℃左右少量分解出的氧化物已开始发生固相反应，生成铝酸一钙、少量的铁酸二钙及硅酸二钙。

900℃～1100℃铝酸三钙和铁铝酸四钙开始形成。

1100℃～1200℃大量形成铝酸三钙和铁铝酸四钙，硅酸二钙生成量最大。

1300℃～1450℃铝酸三钙和铁铝酸四钙呈熔融状态，产生的液相把 CaO 及部分硅酸二钙溶解于其中，在此液相中，硅酸二钙吸收 CaO 化合成硅酸三钙。这是煅烧水泥的关键之关键，必须停留足够的时间，使原料中游离的氧化钙被吸收掉，以保证水泥熟料的质量。

烧成的水泥熟料经过迅速冷却，即得水泥熟料块。硅酸盐水泥熟料主要由四种矿物组成，分别是硅酸三钙($3CaO \cdot SiO_2$，简写 C_3S)含量 37%～60%；硅酸二钙($2CaO \cdot SiO_2$，简

写 C_2S)含量 15%～37%；铝酸三钙(3CaO·Al_2O_3，简写 C_3A)含量 7%～15%；铁铝酸四钙 (4CaO·Al_2O_3·Fe_2O_3，简写 C_4AF)含量 10%～18%。各种矿物单独与水作用时所表现的特性见表 2.8。

表 2.8　硅酸盐水泥熟料主要矿物的特性

特性项目 ＼ 矿物名称	C_3S	C_2S	C_3A	C_4AF
反应速度	快	慢	最快	快
放 热 量	大	小	最大	中
强 度	高	高	低	低

除以上四种主要熟料矿物外，水泥中还含有少量游离氧化钙、游离氧化镁和碱，国家标准规定其总含量一般不超过水泥量的 10%。

3) 通用水泥的技术指标

(1) 细度。硅酸盐水泥和普通硅酸盐水泥以比表面积表示，不小于 300 m^2/kg；矿渣硅酸盐水泥、火山灰质硅酸盐水泥、粉煤灰硅酸盐水泥和复合硅酸盐水泥以筛余表示，80 μm 方孔筛筛余不大于 10%或 45 μm 方孔筛筛余不大于 30%。

(2) 凝结时间。水泥的凝结时间分为初凝和终凝。自水泥加水拌合算起到水泥浆开始失去可塑性的时间称为初凝时间；自水泥加水拌合算起到水泥浆完全失去可塑性的时间称为终凝时间。

水泥的凝结时间不宜过快，以便有足够的时间对混凝土进行搅拌、运输和浇注。浇注完毕，则要求混凝土尽快凝结硬化，以利于下道工序的进行。为此，终凝时间又不宜过长。

《通用硅酸盐水泥》规定：硅酸盐水泥初凝不小于 45 min，终凝不大于 390 min；普通硅酸盐水泥、矿渣硅酸盐水泥、火山灰质硅酸盐水泥、粉煤灰硅酸盐水泥和复合硅酸盐水泥初凝不小于 45 min，终凝不大于 600 min。

(3) 体积安定性。水泥体积安定性是指水泥在凝结硬化过程中体积变化的均匀性。如果水泥硬化后产生不均匀的体积变化，即为体积安定性不良。安定性不良会使水泥制品或混凝土构件产生膨胀性裂缝，降低建筑物质量，甚至引起严重事故。体积安定性不良的水泥作废品处理，不能用于工程中。

引起水泥安定性不良的原因有很多，主要有以下三种：熟料中所含的游离氧化钙过多、熟料中所含的游离氧化镁过多或掺入的石膏过多。

(4) 强度等级。根据规定的方法，将水泥、标准砂和水按 1∶3∶0.5 的比例，制成 40 mm × 40 mm × 160 mm 的棱柱试体，试体连模一起在湿气中养护 24 h，然后脱模在水中养护至试验龄期(试体带模养护的养护箱或雾室温度保持在(20±1)℃、相对湿度不低于 90%，试体养护池水温度应在(20±1)℃范围内)，分别按规定的方法测定其 3 d 和 28 d 的抗压强度和抗折强度。

硅酸盐水泥的强度等级分为 42.5、42.5R、52.5、52.5R、62.5、62.5R 六个等级。

普通硅酸盐水泥的强度等级分为 42.5、42.5R、52.5、52.5R 四个等级。

矿渣硅酸盐水泥、火山灰质硅酸盐水泥、粉煤灰硅酸盐水泥、复合硅酸盐水泥的强度等级分为 32.5、32.5R、42.5、42.5R、52.5、52.5R 六个等级。

2. 通用水泥的主要特性

通用水泥的主要特性如表 2.9 所示。

表 2.9　通用水泥的主要特性

水泥名称	代号	主 要 特 性
硅酸盐水泥	P.I P.II	早期强度及后期强度都较高，在低温下强度增长比其他种类的水泥快。抗冻、耐磨性都好，但水化热较高，抗腐蚀性较差
普通硅酸盐水泥	P.O	除早期强度比硅酸盐水泥稍低，其他性能接近于硅酸盐水泥
矿渣硅酸盐水泥	P.S	早期强度较低，在低温环境中强度增长较慢，但后期强度增长较快，水化热较低，抗硫酸盐侵蚀性较好，耐热性较好，但干缩变形较大，析水性较大，耐磨性较差
火山灰质硅酸盐水泥	P.P	早期强度较低．在低温环境中强度增长较慢，在高温潮湿环境中(如蒸汽养护)强度增长较快，水化热较低，抗硫酸盐侵蚀性较好，但干缩变形较大，析水性较大，耐磨性较差
粉煤灰硅酸盐水泥	P.F	早期强度较低，水化热比火山灰水泥还低，和易性好，抗腐蚀性好，干缩性也较小，但抗冻、耐磨性较差
复合硅酸盐水泥	P.C	介于普通水泥与火山灰水泥、矿渣水泥以及粉煤灰水泥性能之间，当复掺混合材料较少(小于20%)时，它的性能与普通水泥相似，随着混合材料复掺量的增加，性能也趋向所掺混合材料的水泥

3. 水泥的选用

水泥一般作为一种水硬性胶凝材料用于混凝土和砂浆中。选用水泥可分为两个步骤：① 选品种；② 选等级。

1) 选用水泥品种

如何选用水泥品种，关键在于深入了解使用水泥的混凝土工程特点或所处环境条件。根据这些特点和条件要求选择不同品种水泥，如表 2.10 所示。

表 2.10　常用水泥的选用

	混凝土工程特点 或所处环境条件	优先使用	可以使用	不得使用
普通混凝土	在普通气候环境中的混凝土	硅酸盐水泥、普通硅酸盐水泥	矿渣硅酸盐水泥、火山灰质硅酸盐水泥、粉煤灰硅酸盐水泥	
	在干燥环境中的混凝土	硅酸盐水泥、普通硅酸盐水泥	矿渣硅酸盐水泥	火山灰质硅酸盐水泥、粉煤灰硅酸盐水泥
	在高温环境中或永远处于水下的混凝土	矿渣硅酸盐水泥	硅酸盐水泥、普通硅酸盐水泥、火山灰质硅酸盐水泥、粉煤灰硅酸盐水泥	
	厚大体积的混凝土	粉煤灰硅酸盐水泥、矿渣硅酸盐水泥、	普通硅酸盐水泥、火山灰质硅酸盐水泥	硅酸盐水泥

混凝土工程特点或所处环境条件		优先使用	可以使用	不得使用
有特殊要求的混凝土	要求早脱模的混凝土	硅酸盐水泥	普通硅酸盐水泥	矿渣硅酸盐水泥、火山灰质硅酸盐水泥、粉煤灰硅酸盐水泥
	高强混凝土(大于C60)	硅酸盐水泥	普通硅酸盐水泥、矿渣硅酸盐水泥	火山灰质硅酸盐水泥、粉煤灰硅酸盐水泥
	用蒸汽养生的混凝土	矿渣硅酸盐水泥、火山灰质硅酸盐水泥、粉煤灰硅酸盐水泥	硅酸盐水泥、普通硅酸盐水泥	
	严寒地区的露天混凝土、寒冷地区处于水位升降范围内的混凝土	普通硅酸盐水泥	硅酸盐水泥、矿渣硅酸盐水泥	火山灰质硅酸盐水泥、粉煤灰硅酸盐水泥
	严寒地区处于水位升降范围内的混凝土	普通硅酸盐水泥(强度等级≥42.5)	硅酸盐水泥(强度等级≥42.5)	矿渣硅酸盐水泥、火山灰质硅酸盐水泥、粉煤灰硅酸盐水泥
	有抗渗要求的混凝土	普通硅酸盐水泥、火山灰质硅酸盐水泥、粉煤灰硅酸盐水泥	硅酸盐水泥	矿渣硅酸盐水泥
	有耐磨要求的混凝土	硅酸盐水泥、普通硅酸盐水泥	矿渣硅酸盐水泥	火山灰质硅酸盐水泥、粉煤灰硅酸盐水泥
	受海水、矿物水、工业废水等侵蚀的混凝土	矿渣硅酸盐水泥、火山灰质硅酸盐水泥、粉煤灰硅酸盐水泥		硅酸盐水泥、普通硅酸盐水泥

2) 选用强度等级

普通混凝土的强度与水灰比、集料的配合比等多种因素有关，而关系最大的是水泥的强度。选用水泥强度应与需要配制的混凝土强度相适应，若以低强度的水泥配制高强度混凝土，水泥用量会加大，不仅不经济，而且水泥用量多、水化热大，易发生收缩裂缝，影响混凝土质量。配制 C30 以下的混凝土，水泥强度等级宜为混凝土强度等级的 1.2～2.2 倍；配制 C30～C45 混凝土，水泥强度等级宜为混凝土强度等级的 1.0～1.5 倍；配制 C50 以上的混凝土应选择强度等级不低于 42.5 的硅酸盐水泥或普通硅酸盐水泥。

砌筑砂浆宜采用通用硅酸盐水泥或砌筑水泥，水泥的强度等级应根据砂浆品种及强度等级的要求进行选择。M15 及以下强度等级的砌筑砂浆宜选用 32.5 级的通用硅酸盐水泥或砌筑水泥，M15 以上强度等级的砌筑砂浆宜选用 42.5 级通用硅酸盐水泥。

除拌和砂浆或混凝土以外的用途，应根据环境条件、耐久性等要求选用强度等级。某些特殊情况下选用的等级不一定只选强度等级，例如对白水泥来说，还应根据其白度等级进行选用。

4. 水泥的验收

1) 品种的验收

水泥包装袋上应清楚标明：执行标准、水泥品种、代号、强度等级、生产者名称、生产许可证标志(QS)及编号、出厂编号、包装日期、净含量。包装袋两侧应根据水泥的品种采用不同的颜色印刷水泥名称和强度等级，硅酸盐水泥和普通硅酸盐水泥采用红色，矿渣硅酸盐水泥采用绿色；火山灰硅酸盐水泥、粉煤灰硅酸盐水泥和复合硅酸盐水泥采用黑色或蓝色。

散装水泥发运时应提交与袋装标志相同内容的卡片。

2) 数量验收

水泥可以是袋装或散装，袋装水泥每袋净含量为 50 kg，且应不少于标志质量的 99%；随机抽取 20 袋总含量(含包装袋)应不少于 1000 kg。其他包装形式由供需双方协商确定。

3) 质量验收

(1) 检验报告。检验报告内容应包括出厂检验项目(化学指标、凝结时间、安定性、强度)、细度、混合材料品种和掺加量、石膏和助磨剂的品种及掺加量、属悬窑或立窑生产及合同约定的其他技术要求。当用户需要时，生产者应在水泥发出之日起 7 d 内寄发除 28 d 强度以外的各项检验结果，32 d 内补报 28d 强度的检验结果。

(2) 质量验收。交货时水泥的质量验收可抽取实物试样以其检验结果为依据，也可以生产者同编号水泥的检验报告为依据。采取何种方法验收由买卖双方商定，并在合同或协议中注明。

以抽取实物试样的检验结果为验收依据时，买卖双方应在发货前或交货地共同取样或签封。取样数量为 20 kg，缩分为二等份。一份由卖方保存 40 d，一份由买方按标准规定的项目和方法进行检验。在 40 d 以内，买方检验认为产品质量不符合标准要求，而卖方又有异议时，则双方应将卖方保存的另一份试样送省级或省级以上国家认可的水泥质量监督检验机构进行仲裁检验。水泥安定性仲裁检验，应在取样之日 10 d 以内完成。

以生产者同编号水泥的检验报告为验收依据时，在发货前或交货时买方在同编号水泥中取样，双方共同签封后由卖方保存 90 d，或认可卖方自行取样，签封并保存 90 d 的同编号水泥的封存样。在 90 d 内，买方对水泥质量有疑问时，则买卖双方应将共同认可的试样送省级或省级以上国家认可的水泥质量监督机构进行仲裁检验。

项 目 小 结

水泥是重要的建筑材料，广泛应用于工业、农业、国防、水利、交通、城市建设、海洋工程等的基本建设中，用来生产各种混凝土、钢筋混凝土及其他水泥制品。水泥现已成为任何建设工程都离不开的材料。本章重点介绍了通用水泥的检测方法和主要技术性质，同时介绍了通用水泥的相关指标。

通用水泥指通用硅酸盐水泥，其按混合材料的品种和掺量分为硅酸盐水泥、普通硅酸盐水泥、矿渣硅酸盐水泥、火山灰质硅酸盐水泥、粉煤灰硅酸盐水泥和复合硅酸盐水泥。

思考与练习

一、填空题

1. 普通硅酸盐水泥的强度等级分为_____、_____、_____和_____四个等级。

2. 在普通气候环境中的混凝土优先选用_____和_____。

二、单选题

1. 硅酸盐水泥的强度等级分为(　　)个等级。

A. 四　　　　　　B. 五　　　　　　C. 六　　　　　　D. 七

2. 普通硅酸盐水泥、矿渣硅酸盐水泥、火山灰质硅酸盐水泥、粉煤灰硅酸盐水泥和复合硅酸盐水泥初凝不小于(　　)，终凝不大于(　　)。

A. 45 min　　　90 min　　　　　　B. 55 min　　　90 min

C. 45 min　　　600 min　　　　　　D. 55 min　　　600 min

三、简答题

简述通用水泥的主要技术性能指标。

实训项目三　砂浆性能与检测

 项目分析

　　建筑砂浆是由胶凝材料、细骨料、水以及根据性能确定的其他组分，按适当比例配合、拌制并经硬化而成的建筑工程材料。建筑砂浆主要有普通砂浆和特种砂浆两种。建筑砂浆在建筑工程中，是一项用量大、用途广泛的建筑材料。

　　根据《建筑砂浆基本性能试验方法标准》的规定：砂浆的基本性能试验有稠度试验、密度试验、分层度试验、保水性试验、凝结时间试验、立方体抗压强度试验、拉伸黏结强度试验、抗冻性能试验、收缩试验、含气量试验、吸水率试验、抗渗性能试验等 12 项。对于建筑砂浆，通常关注和易性和强度两个指标。

　　本项目需要完成以下任务：

　　(1) 砂筛分析试验。

　　(2) 砂浆稠度试验。

　　(3) 砂浆分层度试验。

　　(4) 砂浆抗压强度试验。

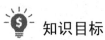 知识目标

　　(1) 了解各种建筑砂浆的材料组成和技术性能特点。

　　(2) 了解砂浆的性质。

　　(3) 了解砂浆的和易性、强度等级等有关的性质。

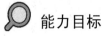 能力目标

　　(1) 掌握砌筑砂浆配合比设计。

　　(2) 能根据工程性质正确选用砂浆类型。

　　(3) 掌握砂筛分析、砂浆稠度、分层度、立方体抗压强度的检测方法、步骤及结果计算与评定。

任务一　砂筛分析试验

任务目标

(1) 了解砂颗粒级配、细度模数等相关概念。
(2) 掌握正确评定混凝土用砂的颗粒级配的计算细度模数的方法。
(3) 掌握评定混凝土用砂的粗细程度的方法。
(4) 理解良好的颗粒级配在混凝土中的作用。
(5) 培养学生动手操作能力，激发学生学习积极性，充分发挥其主体性和创造性。

知识链接

一、砂的粗细程度

砂的粗细程度是指不同粒径的砂粒混合在一起的总体粗细程度。通常有粗砂、中砂与细砂之分。配制混凝土时，在相同砂量条件下，细砂的总表面积大，粗砂则总表面积较小。砂的总表面积越大，则在混凝土中需要包裹砂粒表面的水泥浆越多，当混凝土拌和物的和易性一定时，用较粗的砂拌制的混凝土比用较细的砂所需的水泥浆量少。但若砂子过粗，易使混凝土拌和物产生离析、泌水等现象，影响混凝土的和易性。因此，用作配制混凝土的砂不宜过细，也不宜过粗。

二、砂的颗粒级配

颗粒级配是指各粒级的砂按比例相互搭配的情况。颗粒级配较好的砂应该是大粒径砂的空隙被小一级颗粒填充，这样逐级填充，使砂形成密实堆积，空隙率较小，从而达到节约水泥的目的，或者在水泥用量一定的情况下可提高混凝土拌和物的和易性，如图3-1所示。

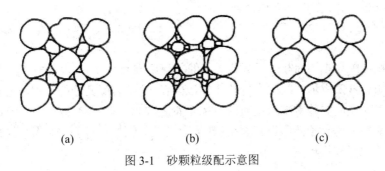

(a)　　　　　　(b)　　　　　　(c)

图 3-1　砂颗粒级配示意图

总的来说，砂的颗粒越粗，其总表面积越小，包裹砂颗粒表面的水泥浆数量越少，可达到节约水泥的目的，或者在水泥用量一定的情况下可提高混凝土拌和物的和易性。因此，在选择和使用砂时，应尽量选择在孔隙率小的条件下尽可能粗的砂，即选择级配适宜、颗粒尽可能粗的砂配置混凝土。

三、砂的细度模数和颗粒级配的测定

砂的粗细程度和颗粒级配用筛分析方法测定，用细度模数表示粗细，用级配区表示砂的级配。根据国家标准《建筑用砂》，筛分析是用一套孔径为 4.75 mm、2.36 mm、1.18 mm、0.600 mm、0.300 mm、0.150 mm 的标准筛，将 500 g 干砂由粗到细依次过筛，称量各筛上的筛余量 m_i(g)，计算各筛上的分计筛余率 a_i(%)，再计算累计筛余率 A_i (%)。a_i 和 A_i 的计算关系如表 3.1 所示(采用的筛孔尺寸为 5.00 mm、2.50 mm、1.25 mm、0.630 mm、0.315 mm 及 0.160 mm。其测试和计算方法均相同，目前混凝土行业普遍采用该标准)。

表 3.1　累计筛余与分计筛余的计算关系

筛孔尺寸/mm	筛余量/g	分计筛余/(%)	累计筛余/(%)
4.75	m_1	$a_1 = m_1/m$	$A_1 = a_1$
2.36	m_2	$a_2 = m_2/m$	$A_2 = A_1 + a_2$
1.18	m_3	$a_3 = m_3/m$	$A_3 = A_2 + a_3$
0.6	m_4	$a_4 = m_4/m$	$A_4 = A_3 + a_4$
0.3	m_5	$a_5 = m_5/m$	$A_5 = A_4 + a_5$
0.15	m_6	$a_6 = m_6/m$	$A_6 = A_5 + a_6$
底盘	$m_底$	$m = m_1 + m_2 + m_3 + m_4 + m_5 + m_6 + m_底$	

细度模数根据下式计算(精确至 0.01)：

$$M_x = \frac{(A_2 + A_3 + A_4 + A_5 + A_6) - 5A_1}{100 - A_1} \tag{3-1}$$

式中，M_x 为砂的细度模数；A_1、A_2、A_3、A_4、A_5、A_6 分别为 4.75 mm、2.36 mm、1.18 mm、600 μm、300 μm、150 μm 筛的累计筛分百分率。

根据细度模数 M_x 大小将砂按下列分类：

$M_x > 3.7$，特粗砂；$M_x = 3.1 \sim 3.7$，粗砂；$M_x = 3.0 \sim 2.3$，中砂；$M_x = 2.2 \sim 1.6$，细砂；$M_x = 1.5 \sim 0.7$，特细砂。

砂的颗粒级配根据 0.600 mm 筛孔对应的累计筛余百分率 A_4，分成I区、II区和III区 3 个级配区，如表 3.2 所示。级配良好的粗砂应落在I区；级配良好的中砂应落在II区；细砂则在III区。实际使用的砂颗粒级配可能不完全符合要求，除了 4.75 mm 和 0.600 mm 对应的累计筛余率外，其余各档允许有 5%的超界，当某一筛档累计筛余率超界 5%以上时，说明砂级配很差，视作不合格。

表3.2 砂的颗粒级配区范围

筛孔尺寸/mm	累计筛余/(%)		
	I区	II区	III区
10	0	0	0
4.75	10~0	10~0	10~0
2.36	35~5	25~0	15~0
1.18	65~35	50~10	25~0
0.6	85~71	70~41	40~16
0.3	95~80	92~70	85~55
0.15	100~90	100~90	100~90

以累计筛余百分率为纵坐标，筛孔尺寸为横坐标，根据表3.2的级区绘制I、II、III级配区的筛分曲线，如图3-2所示。在筛分曲线上可以直观地分析砂的颗粒级配优劣。

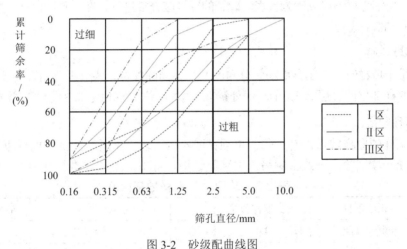

图 3-2 砂级配曲线图

四、砂筛方法

采用摇筛机结合标准方筛进行机械砂筛，即干筛法。

技能训练

一、试验目的

(1) 测定细集料(天然砂、人工砂、石屑)的颗粒级配，计算砂的细度模数，并确定其粗细程度。

(2) 为混凝土配合比设计提供依据。

(3) 掌握《建筑用砂》的测试方法，正确使用所用仪器与设备，并熟悉其性能。

二、试验器材

(1) 标准筛(图 3-3)，孔径 9.5 mm、4.75 mm、2.36 mm、1.18 mm、0.6 mm、0.3 mm、0.15 mm 的方孔筛。

(2) 天平，称量 1000 g，感量不大于 0.5 g。

(3) 烘箱，能控温在(105 ± 5)℃。

(4) 摇筛机。

(5) 其他，不锈钢盘和软毛刷等。

图 3-3　国家标准砂石方孔筛

三、砂子取样制度

1. 分批方法

混凝土用细骨料一般以砂为代表，砂子的取样应分批进行，在堆料上取样一般以 400 m³ 或 600 t 为一批。

2. 抽取试样

在料堆上取样时，应在料堆均匀分布的 8 个不同的部位，各取大致相等的试样一份，取样时先将取样部位的表层除去，于较深处铲取，由各部位大致相等的 8 份试样组成一组试样。

3. 取样数量

每组试样的取样数量，对于每一单项试验不少于表 3.3 所示规定的取样重量。如确能保证试样经一项试验后不致影响另一项试验结果，可用一组试样进行几项不同的试验。

表 3.3　单项试验取样数量(kg)

序号	试验项目	最少取样数量	序号	试验项目		最少取样数量
1	颗粒级配	4.4	8	硫化物与硫酸盐含量		0.6
2	含混量	4.4	9	氯化物含量		4.4
3	石粉含量	6.0	10	坚固性	天然砂	8.0
4	泥块含量	20.0			人工砂	20.0
5	云母含量	0.6	11	表观密度		2.6
6	轻物质含量	3.2	12	堆积密度与空隙率		5.0
7	有机物含量	2.0	13	碱集料反应		20.0

4. 试样缩分

试样缩分可用分料器法与人工四分法。分料器法是将样品在潮湿状态下拌和均匀，然后通过分料器，将接料斗中的其中一份再次通过分料器。重复上述过程，直到把样品缩分至试验所需量为止。人工四分法是将所取的样品置于平板上，在潮湿的状态下拌和均匀，并堆成厚度约为 20 mm 的圆饼。然后沿互相垂直的两条直径把圆饼分成大致相等的 4 份，取其中对角线的两份重新拌匀，再堆成圆饼。重复上述过程，直到把样品缩分至试验所需量为止。

四、试样制备

先除去试样中筛大于 9.50 mm 的颗粒并记录其含量百分率。如试样中的尘屑、淤泥和黏土的含量超过 5%，应先用水洗净，然后于自然湿润状态下充分搅拌均匀，用四分法缩取每份不少于 550 g 的试样两份，将两份试样分别置于温度为(105 ± 5)℃的烘箱中烘干至恒重。冷却至室温后待用。

五、试验方法及步骤

水泥混凝土用砂(干筛法)，按下列步骤筛分。

(1) 准确称取烘干试样约 500 g(m)，精确至 0.5 g。置于套筛的最上一只筛(即 4.75 筛上)，将套筛装入摇筛机(图 3-4)，摇筛约 10 min。然后取出套筛，再按筛孔大小顺序，从最大的筛号开始，在清洁的不锈钢盘上逐个进行手筛，直到每分钟的筛出量不超过筛上剩余量的 0.1%时为止，将筛出通过的颗粒并入下一号筛，和下一号筛中的试样一起过筛，按此顺序进行，直到各号筛全部筛完为止。

(2) 称出各筛的筛余量，试样在各号筛上的筛余量不得超过按下式计算出的剩留量，超过时应将该筛余砂样分成两份，再进行筛分，并以两次筛余量之和作为该号筛的筛余量。

$$m_r = \frac{A\sqrt{d}}{300} \tag{3-2}$$

式中：m_r——某一筛上的剩余量(g)；

A——筛面面积(mm²)；

d——筛孔边长(mm)。

图 3-4　摇筛机

(3) 称量各筛筛余试样的质量(m_i)，精确至 0.5 g。所有各筛的分计筛余量和底盘中剩余量的总量与筛分前的试样总量相比，相差不得超过 1%。

六、试验结果评定

1. 分计筛余百分率 a_i 计算

各号筛的分计筛余百分率为各号筛上的筛余量(m_i)除以试样总量(m)的百分率，精确至 0.1%。

2. 累计筛余百分率 A_i 计算

各号筛的累计筛余百分率为该号筛及大于该号筛的各号筛的分计筛余百分率之和，精确至 0.1%。筛分后，若各号筛的筛余量与筛底量之和同原试样质量之差超过 1%，须重新试验。

3. 质量通过百分率 P_i 计算

各号筛的质量通过百分率 P_i 等于 100 减去该号筛的累计筛余百分率，精确至 0.1%。

4. 细度模数 M_x 计算

对于水泥混凝土用砂，按公式(3-1)计算细度模数，精确至 0.01。

累计筛余百分率取两次试验结果的算术平均值，精确至 1%。细度模数取两次试验结果的算术平均值，精确至 0.1；如两次试验的细度模数之差超过 0.20，须重新试验。

七、填写试验报告单

砂浆细度模数试验报告单如表 3.4 所示。

表 3.4　砂浆细度模数试验报告单

(1) 计算细度模数。

试样编号					试样产地		
试样名称					用　途		
试样质量 /g	筛孔尺寸 /mm	各筛存留质量/g			分计筛余 a_i /(%)	累计筛余 A_i / (%)	通过率 P_i / (%)
		第一次	第二次	平均			
	底盘						
	合计						
	细度模数 $M_x=$						
结果评定	根据细度模数 M_x 确定该砂为_____砂。						

(2) 绘制级配曲线。

砂级配曲线绘图区(参照图 3-2)：

结论：该砂为_____区砂。

任务二　砂浆稠度试验

任务目标

(1) 理解砂浆稠度的定义。

(2) 理解砂浆稠度对提高施工效率、保证施工质量的重要性。

(3) 掌握砂浆稠度的测定方法。

(4) 培养学生动手操作能力，激发学生学习积极性，充分发挥其主体性和创造性。

知识链接

一、砂浆稠度的定义

砂浆的稠度又称流动性，是指新拌砂浆在自重或外力作用下产生流动的性能，是判定砂浆和易性指标之一。

影响砂浆稠度的因素与普通混凝土类似，即与胶凝材料的品种和用量、用水量、砂的粗细、粒形相级配、搅拌时间等有关。当原材料条件和胶凝材料与砂的比例一定时，主要取决于单位用水量。

砂浆的稠度适宜时，可提高施工效率，有利于保证施工质量。砂浆流动性的选择与砌体种类(砖、石、砌块)、用途(砌筑、抹面)、环境温度及湿度、施工方法等因素有关。若砂浆流动性过大(太稀)，则会增加铺砌难度，且强度下降；若砂浆流动性过小(过稠)，则施工困难，不易铺平。

二、砂浆稠度的测定方法

砂浆稠度用砂浆稠度仪测定，并以试锥下沉深度作为砂浆的稠度值(亦称沉入量，以mm 计)。沉入量越大，砂浆流动性越大。

技能训练

一、试验目的

检验砂浆的流动性，主要用于确定配合比或施工过程中控制砂浆稠度，从而达到控制用水量的目的，同时认识并能够正确使用砂浆稠度测定仪。

二、试验器材

(1) 砂浆稠度测定仪(图 3-5)，由试锥、容器和支座三部分组成。试锥由钢材或铜材制成，其高度为 145 mm，锥底直径为 75 mm，试锥连同滑杆的质量应为(300 ± 2)g；盛砂浆容器由钢板制成，筒高为 180 mm，锥底内径为 150 mm；支座分底座、支架及稠度显示三个部分，由铸铁、钢或其他金属制成。

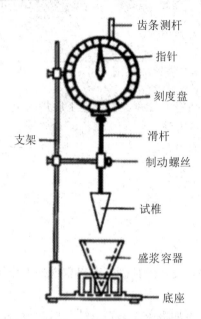

图 3-5　砂浆稠度测定仪(单位：mm)

(2) 砂浆搅拌机、拌和铁板(约 1.5 m × 2 m，厚度约 3 mm)、金属捣棒(直径为 10 mm、长度为 350 mm、一端为弹头形)。

(3) 磅秤(称量 50 kg、感量 50 g)、台秤(称量 10 kg、感量 5 g)、量筒(100 mL 带塞量筒)、容量筒(容积 2L，直径与高大致相等)，带盖、拌和用铁铲、抹刀、秒表等。

三、砂浆取样制度

1. 施工现场取样单位

同一强度等级、同一配合比、同种原材料、同一台搅拌机的砂浆的取样单位应符合下列规定：

(1) 每一楼层或 250 m^3 砌体。

(2) 基础砌体。

(3) 每一层建筑或每 1000 m^2 地面工程。

2. 取样方法

(1) 建筑砂浆试验用料应从同一盘砂浆或同一车砂浆中取样。取样量应不少于试验所需量的 4 倍。

(2) 施工中取样进行砂浆试验时，其取样方法和原则应按相应的施工验收规范执行。一般在使用地点的砂浆槽、砂浆运送车或搅拌机出料口，至少从三个不同部位取样。现场取来的试样，试验前应人工搅拌均匀。

(3) 从取样完毕到开始进行各项性能试验不宜超过 15 min。

四、试样制备

1. 一般规定

拌制砂浆所用的原料应符合各自相关的质量标准。测试前要事先运入实验室内，拌和时实验温度应保持在(20±5)℃范围内；拌和砂浆所用的水泥如有结块时，应充分混合均匀，以 0.9 mm 筛过筛，砂子粒径应不大于 5 mm；拌制砂浆时所用材料应以质量计量，称量精度为水泥、外加剂等为 ±0.5%；砂、石灰膏、黏土膏及粉煤灰等为 ±1%。搅拌时可用机械搅拌或人工搅拌，用搅拌机搅拌时，其搅拌量不宜少于搅拌机容量的 20%，搅拌时间不宜少于 2 min。

计算实配配合比，确定各种材料的用量并将配合比填入实验报告册。

2. 砂浆的拌制

拌制前应将搅拌机、拌和铁铲、拌和铁板、抹刀等工具表面用湿抹布擦拭，拌板上不得有积水。

1) 人工拌和方法

(1) 将称量好的砂子倒在拌和铁板上，然后加入水泥，用拌和铁铲拌和至混合物颜色均匀为止。

(2) 将混合物堆成堆，在其中间做一凹槽，将称量好的石灰膏(或黏土膏)倒入其中，再加适量的水将石灰膏(或黏土膏)调稀(若为水泥砂浆，则将量好的水的一半倒入凹槽中)，然后与水泥、砂子共同拌和，用量筒逐次加水拌和，每翻拌一次，需用拌和铁铲将全部砂浆压切一次，直至拌和物色泽一致，和易性可凭经验(可直接用砂浆稠度测定仪上的试锥测试)调整到符合要求为止。

(3) 每次拌和从加水完毕至完成拌制一般需要 3～5 min。

2) 机械拌和方法

(1) 用正式拌和砂浆时的相同配合比先拌适量砂浆，使搅拌机内壁黏附一层薄水泥砂浆，可使正式拌和时的砂浆配合比成分准确，保证拌和质量。

(2) 先称量好各项材料，然后依次将砂子、水泥装入搅拌机；开动搅拌机将水徐徐加入(混合砂浆需将石灰膏或黏土膏用水调稀至浆状)，搅拌 3 min(搅拌的容量不宜少于搅拌机容量的 20%，搅拌时间不宜小于 2 min)；将砂浆拌和物倒入拌和铁板上，用拌和铁铲翻拌两次，使之混合均匀。

五、试验方法及步骤

(1) 先将盛砂浆的圆锥形容器和试锥表面用湿抹布擦拭干净，检查试锥滑杆能否自由滑动。

(2) 将拌和好的砂浆拌和物一次装入圆锥筒内至筒口下 10 mm 左右，用捣棒自容器中心向边缘插捣 25 次，随后轻轻地将容器摇动或敲击 5～6 下，使砂浆表面平整；然后置于稠度测定仪的底座上。

（3）扭松试锥滑杆制动螺丝，使固定在支架上的滑杆下端的圆锥体锥尖与砂浆表面刚刚接触，拧紧试锥滑杆制动螺丝，旋动尺条旋钮将尺条测杆下端刚好接触到试锥滑杆的上端，再调整刻度盘上的指针对准零点。

（4）然后，突然放松试锥滑杆制动螺丝，使圆锥自由沉入砂浆，待 10 s 后，拧紧制动螺丝，旋动尺条旋钮将尺条测杆下端刚好接触到试锥滑杆的上端，从刻度盘上读出圆锥体自由沉入砂浆的沉入度(精确至 1 mm)，即为砂浆的稠度值(沉入度)。

注：圆锥形容器内的砂浆只允许测定一次稠度，重复测定时，应重新进行取样后再进行测定。

六、试验结果评定

（1）取两次测试结果的算术平均值作为实验砂浆的稠度测定结果(计算值精确至 1 mm)。
（2）如两次测定值之差大于 10 mm，应另取砂浆配料搅拌后重新测定。
（3）将测定及计算结果记录在试验报告单的相应栏目中。

七、填写试验报告单

砂浆稠度试验报告单如表 3.5 所示。

表 3.5　砂浆稠度试验报告单

试验日期		气温/室温			湿度	
配 合 比				要求的稠度		
试样编组	拌和砂浆所用材料/kg				实测沉入度/mm	试验结果/mm
	水 泥	石灰膏	砂	水		
1						
2						

任务三　砂浆分层度试验

任务目标

（1）理解砂浆保水性、分层度的定义。
（2）理解砂浆保水性与分层度的关系。
（3）掌握砂浆分层度的测定方法。

(4) 培养学生动手操作能力，激发学生学习积极性，充分发挥其主体性和创造性。

知识链接

一、砂浆的保水性

砂浆保水性是指砂浆能保持水分的能力。即搅拌好的砂浆在运输、停放、使用过程中，水与胶凝材料及骨料分离快慢的性质。保水性良好的砂浆水分不易流失，易于摊铺成均匀密实的砂浆层，反之，保水性差的砂浆，在施工过程中容易泌水、分层离析、水分流失使流动性变坏，不易施工操作；同时由于水分易被砌体吸收，影响水泥正常硬化，从而降低了砂浆黏结强度。

砂浆的保水性用分层度表示。

二、砂浆分层度的测定方法

砂浆的分层度用砂浆分层度测量仪测定。测定时将拌和好的砂浆装入内径为 15 cm、高 30 cm 的圆桶内，测定其沉入量；静止 30 mm 以后，去掉上面 20 cm 厚的砂浆，再测定剩余 10 cm 砂浆的沉入量，前后测得的沉入量之差，即为砂浆的分层度值(cm)。分层度大，表明砂浆的保水性不好；但分层度过小，如分层度为 0，虽然砂浆的保水性好，但往往是因为胶凝材料用量过多，或者砂过细，既不经济还易造成砂浆干裂。

普通砂浆的分层度宜为 1～3 cm。

技能训练

一、试验目的

检验砂浆分层度，作为衡量砂浆拌和物在运输、停放、使用过程中的离析、泌水等内部组分的稳定性，亦是砂浆和易性指标之一。同时认识并能够正确使用砂浆分层度测定仪。

二、试验器材

(1) 砂浆分层度测定仪(即分层度筒，如图 3-6、图 3-7 所示)，内径为 150 mm，上节高度为 200 mm，下节净高为 100 mm，用金属板制成，上下层连接处需加宽到 3～5 mm，并设有橡胶垫圈。

(2) 砂浆稠度测定仪，如图 3-5 所示。

(3) 振动台，振幅(0.5 ± 0.05) mm，频率(50 ± 3)Hz；木槌，一端为弹头形的金属捣棒等。

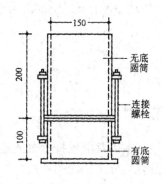

图 3-6　砂浆分层度筒实物图　　　　　图 3-7　砂浆分层度筒示意图

三、砂浆取样制度

与砂浆稠度试验的砂浆取样制度相同。

四、试样制备

与砂浆稠度试验的试样制作相同。

五、试验方法及步骤

(1) 先用砂浆稠度试验的方法测定砂浆的稠度(沉入度)。

(2) 把砂浆分层度测定仪上下圆筒连接在一起，旋紧连接螺栓的螺母；将拌好的砂浆一次装入砂浆分层度筒中，装满后用木槌在分层度测定仪筒体距离大致相等的四个不同部位轻轻敲击 1～2 次；用同批拌制的砂浆将筒口装满，刮去多余的砂浆；用抹刀将筒口的砂浆沿筒口抹平。

(3) 静止 30 min 后，旋松连接螺栓的螺母；除去上筒 200 mm 高的砂浆，剩余下筒 100 mm 砂浆倒出放在拌和锅内重新拌和 2 min；再用砂浆稠度试验的方法测定砂浆的稠度(沉入度)。两次沉入深度的差值称为分层度，以"mm"表示。保水性良好的砂浆，其分层度较小。

六、试验结果评定

(1) 取两次试验结果的算术平均值作为该批砂浆的分层度值。

(2) 若两次分层度测试值之差大于 10 mm，则应重新取样测试。

(3) 砂浆的分层度宜为 10～30 mm，如果大于 30 mm，易产生分层、离析、泌水等现象，如果小于 10 mm，则砂浆过黏，不易铺设且容易产生干缩裂缝。

(4) 将结果记录在试验报告单的相应栏目中。

七、填写试验报告单

砂浆分层度试验报告单如表 3.6 所示。

表 3.6 砂浆分层度试验报告单

试验日期				气温/室温			湿度	
要求的稠度								
试样编组	拌和砂浆所用材料/kg				静置前稠度值/mm	静置30min后稠度值/mm	分层度值/mm	试验结果/mm
	水 泥	石灰膏	砂	水				
1								
2								
结果评定	根据分层度判别此砂浆的保水性为:							

任务四 砂浆抗压强度试验

任务目标

(1) 掌握砂浆抗压强度的等级。

(2) 了解砂浆抗压强度的影响因素。

(3) 掌握砂浆抗压强度的测定方法。

(4) 培养学生动手操作能力，激发学生学习积极性，充分发挥其主体性和创造性。

知识链接

一、砂浆抗压强度

砂浆的抗压强度是以边长为 70.7 mm × 70.7 mm × 70.7 mm 的立方体试块，在温度为 (20 ± 2)℃、相对湿度不小于 90% 的条件下养护 28 d，根据《建筑砂浆基本性能试验方法标准》的规定，通过试验测定砂浆的抗压强度。

根据抗压强度划分为 M2.5、M5.0、M7.5、M10、M15、M20 六个强度等级。工程中常用的强度等级有 M2.5、M5.0、M7.5 和 M10。

影响砂浆强度的因素，当原材料的质量一定时，砂浆的强度主要取决于水泥标号和水泥用量。此外，砂浆强度还受砂、外加剂，掺入的混合料以及砌筑和养护条件等的影响。砂中泥及其他杂质含量多时，砂浆强度也受影响。

二、砂浆抗压强度的测定方法

采用国家标准压力试验机(图 3-8)，测出砂浆试块破坏荷载，运用下列公式计算出砂浆的抗压强度：

$$f_{m,cu} = \frac{N_u}{A} \tag{3-3}$$

式中：$f_{m,cu}$——单个砂浆试块的抗压强度(MPa)；

　　　　N_u——试块破坏荷载(N)；

　　　　A——试块的受力面积(mm^2)。

技能训练

一、试验目的

砂浆立方体抗压强度检测是评定砂浆强度等级的依据，是砂浆质量评定的主要指标。测试砂浆的抗压强度是否达到设计要求，同时认识并能够正确操作压力试验机。

二、试验器材

(1) 压力试验机，如图 3-8 所示，精度为 1%，试件破坏荷载应不小于压力机量程的 20%，且不大于全量程的 80%。

(2) 砂浆试模，如图 3-9 所示，尺寸为 70.7 mm × 70.7 mm × 70.7 mm 的带底试模，应具有足够的刚度并拆装方便。试模的内表面应机械加工，其不平度应为每 100 mm 不超过 0.05 mm，组装后各相邻面的不垂直度不应超过 ±0.5℃。

(3) 垫板，试验机上、下压板及试件之间可垫以钢垫板，垫板的尺寸应大于试件的承压面，其不平度应为每 100 mm 不超过 0.02 mm。

(4) 钢捣棒(直径 10 mm，长 350 mm，端头磨圆)、批灰刀、抹刀、大面平整的黏土砖、刷子。

(5) 其他设备同砂浆稠度试验。

图 3-8　国家标准压力试验机

图 3-9　砂浆试模

三、砂浆取样制度

1. 施工现现场取样单位

与砂浆稠度试验的砂浆取样制度相同。

2. 取样方法

(1) 一组试件，一组为 6 块，试块尺寸为 70.7 mm × 70.7 mm × 70.7 mm。

(2) 建筑砂浆试验用料应从同一盘砂浆或同一车砂浆中取样。施工中取样一般在使用地点的砂浆槽、砂浆运送车或搅拌机出料口，至少从三个不同部位取样。现场取来的试样，试验前应人工搅拌均匀。

四、试样制备

(1) 采用立方体试件，每组试件 3 个。

(2) 应用黄油等密封材料涂抹试模的外接缝，试模内涂刷薄层机油或脱模剂，将拌制好的砂浆一次性装满砂浆试模，成型方法根据稠度而定。当稠度≥50 mm 时采用人工振捣成型，当稠度＜50 mm 时采用振动台振实成型。

① 人工振捣，用捣棒均匀地由边缘向中心按螺旋方式插捣 25 次，插捣过程中如砂浆沉落低于试模口，应随时添加砂浆，可用油灰刀插捣数次，并用手将试模一边抬高 5～10 mm 各振动 5 次，使砂浆高出试模顶面 6～8 mm。

② 机械振动，将砂浆一次装满试模，放置到振动台上，振动时试模不得跳动，振动 5～10 s 或持续到表面出浆为止；不得过振。

(3) 待表面水分稍干后，将高出试模部分的砂浆沿试模顶面刮去并抹平。

(4) 试件制作后应在室温为(20 ± 5)℃的环境下静置(24 ± 2)h，当气温较低时，可适当延长时间，但不应超过两昼夜，然后对试件进行编号、拆模。试件拆模后应立即放入温度为(20 ± 2)℃、相对湿度为 90%以上的标准养护室中养护。养护期间，试件彼此间隔不小于10 mm，混合砂浆试件上面应覆盖塑料布以防有水滴在试件上。

五、试验方法及步骤

(1) 将试样从养护地点取出后应尽快进行试验，以免试件内部的温度和湿度发生显著变化。测试前先将试件表面擦拭干净，并以试件的侧面作承压面，测量其尺寸，检查其外观。试块尺寸测量精确至 1 mm，并据此计算试件的承压面积。若实测尺寸与公称尺寸之差不超过 1 mm,可按公称尺寸进行计算。

(2) 将试件置于压力机的下压板上，试件的承压面应与成型时的顶面垂直，试件中心应与下压板中心对准，如图 3-10 所示。

图 3-10　砂浆试块试压放置方式示意图

(3) 开动压力机，当上压板与试件接近时，调整球座，使接触面均衡受压。加荷应均匀而连续，加荷速度应为 0.25～1.5 kN/s(砂浆强度不大于 5 MPa 时，取下限为宜，大于 5 MPa 时，取上限为宜)，当试件接近破坏而开始变形时，停止调整压力机油门，直至试件破坏，记录下破坏荷载 N_u。

六、试验结果评定

(1) 单个砂浆试块的抗压强度按公式(3-3)计算(精确至 0.1 MPa)。

(2) 砂浆立方体试件抗压强度应精确至 0.1 MPa。

以 3 个试件测值的算术平均值的 1.3 倍(f_2)作为该组试件的砂浆立方体试件抗压强度平均值(精确至 0.1 MPa)。

当 3 个测值的最大值或最小值中有一个超过中间值的 15%时，则把最大值及最小值一并舍除，取中间值作为该组试件的抗压强度值；如有两个测值超过中间值的 15%时，则该组试件的试验结果无效。

七、填写试验报告单

砂浆抗压强度试验报告单如表 3.7 所示。

表 3.7　砂浆抗压强度试验报告单

试验日期			气温/室温			湿度			
砂浆质量配合比									
成型日期			拌和方法			捣实方法			
欲拌砂浆强度等级			水泥强度等级		养护方法				
试验日期	养护龄期/d	试块编号	试块边长/mm		受压面积/mm²	破坏荷载/N	抗压强度/MPa	平均抗压强度/MPa	单块抗压强度最小值/MPa
			a	b					
		1							
		2							
		3							
结果评定		根据国家规定，该批砂浆强度等级为：							

项 目 拓 展

一、快速法测定分层度

(1) 按砂浆稠度试验方法测定砂浆稠度。

(2) 将分层度筒预先固定在振动台上，砂浆一次装入分层度筒内，振动 20 s。

(3) 去掉上节 200 mm 砂浆，剩余 100 mm 砂浆倒出放在拌和锅内拌 2 min，再按砂浆稠度试验方法测其砂浆稠度，前后测得的稠度之差即为该砂浆的分层度值。

如有争议以标准法为准。

二、砂浆强度检验评定

砌筑砂浆强度检验评定根据《砌体工程施工质量验收规范》(GB 50203—2011)的要求进行。

(1) 每一检验批且不超过 250 m³ 砌体的各类型及强度等级的砌筑砂浆，每台搅拌机应至少抽检一次。

(2) 在施工现场砂浆搅拌机出料口随机取样制作砂浆试块(同盘砂浆只应做一组试块)。

(3) 砂浆强度应以标准养护、龄期为 28 d 的试块抗压试验结果为准。

同一验收批的砌筑砂浆试块强度验收时，其强度合格标准应同时符合下列两公式的要求：

$$f_{2, m} \geq f_2 \tag{3-4}$$

$$f_{2, min} \geq 0.75f_2 \tag{3-5}$$

式中：$f_{2, m}$——同一验收批中砂浆试块立方体抗压强度平均值(MPa)；

f_2——同一验收批砂浆设计强度等级所对应的立方体抗压强度(MPa)；

$f_{2, min}$——同一验收批中砂浆试块立方体抗压强度的最小一组平均值(MPa)。

砌筑砂浆的验收批，同一类型、强度等级的砂浆试块应不少于 3 组。当同一验收批只有一组试块时，该组试块抗压强度的平均值必须大于或等于设计强度等级所对应的立方体抗压强度。

三、砂浆配合比设计

砌筑砂浆配合比可通过查阅相关资料或手册来选择，必要时通过计算来确定。砂浆配合比过去用体积比表示。按《砌筑砂浆配合比设计规程》(JGJ98—2011)的规定，砂浆配合比用质量比表示。

(1) 砂浆配合比设计应满足下列基本要求。

① 新拌砂浆的和易性应满足施工要求，且新拌砂浆的体积密度：水泥砂浆不应小于 1900 kg/m³；水泥混合砂浆不应小于 1800 kg/m³。

② 砌筑砂浆的强度、耐久性应满足设计要求。

③ 经济上合理，水泥及掺和料用量较少。

(2) 砌筑砂浆配合比设计，包括以下 5 个方面内容。

① 按下式计算砂浆试配强度 $f_{m, 0}$ (MPa)。

$$f_{m, 0} = f_2 + 0.645\sigma \tag{3-6}$$

式中：$f_{m, 0}$——砂浆的试配强度，精确至 0.1 MPa；

f_2——砂浆抗压强度平均值，精确至 0.1 MPa；

σ——砂浆现场强度标准差，精确至 0.01 MPa。

砌筑砂浆现场强度标准差的确定应符合下列规定。

a. 当有统计资料时(统计周期内同一品种砂浆试件的总组数 $n \geqslant 25$)，按下式计算：

$$\sigma = \sqrt{\dfrac{\sum\limits_{i=1}^{n} f_{m,i}^2 - n\mu_{fm}^2}{n-1}} \tag{3-7}$$

式中：$f_{m,i}$——统计周期内同一品种砂浆第 i 组试件的强度(MPa)；

　　　　μ_{fm}——统计周期内同一品种砂浆 n 组试件强度的平均值(MPa)；

　　　　n——统计周期内同一品种砂浆试件的总组数，$n \geqslant 25$。

b. 当不具有近期统计资料时，砂浆现场强度标准差 σ 可按表 3.8 取用。

表 3.8　砂浆强度标准差 σ 选用值(JGJ—2011)　　　　(单位：MPa)

强度等级 施工水平	强度标准差 σ/MPa						
	M5	M7.5	M10	M15	M20	M25	M30
优良	1.00	1.50	2.00	3.00	4.00	5.00	6.00
一般	1.25	1.88	2.50	3.75	5.00	6.25	7.50
较差	1.50	2.25	3.00	4.50	6.00	7.50	9.00

② 按下式计算每立方米砂浆中的水泥用量 Q_c (kg)。

$$Q_c = \frac{1000 \cdot (f_{m,0} - \beta)}{a \cdot f_{ce}} \tag{3-8}$$

式中：Q_c——每立方米砂浆的水泥用量，精确至 1 kg；

　　　　$f_{m,0}$——砂浆的试配强度，精确至 0.1 MPa；

　　　　f_{ce}——水泥的实测强度，精确至 0.1 MPa；

　　　　α、β——砂浆的特征系数，其中 $\alpha = 3.03$，$\beta = -15.09$。

在无法取得水泥的实测强度值时，可按下式计算 f_{ce}：

$$f_{ce} = \gamma_c \cdot f_{ce,k} \tag{3-9}$$

式中：$f_{ce,k}$——水泥强度等级对应的强度值；

　　　　γ_c——水泥强度等级值的富余系数，该值应按实际统计资料确定。无统计资料时可取 1.0。

③ 用下式按水泥用量 Q_c 计算每立方米砂浆掺合料用量 Q_d (kg)。

$$Q_d = Q_A - Q_c \tag{3-10}$$

式中：Q_d——每立方米砂浆的掺和料用量，精确至 1 kg；石灰膏、黏土膏使用时的稠度为 (120 ± 5) mm；

　　　　Q_A——每立方米砂浆中水泥和掺合料的总量，精确至 1 kg；宜在 $300 \sim 350$ kg 之间；

　　　　Q_c——每立方米砂浆的水泥用量，精确至 1 kg；

④ 确定每立方米砂浆砂用量 Q_a (kg)。

每立方米砂浆中的砂子用量应按干燥状态(含水率小于 0.5%)的堆积密度值作为计算值(kg)。

⑤ 按砂浆稠度选用每立方米砂浆用水量 Q_w (kg)。每立方米砂浆中的用水量,根据砂浆稠度等要求可选用 240～310 kg。

注:a. 混合砂浆中的用水量不包括石灰膏或黏土膏中的水;

b. 当采用细砂或粗砂时,用水量分别取上限或下限;

c. 当稠度小于 70 mm 时,用水量可小于下限;

d. 施工现场气候炎热或干燥季节,可酌量增加用水量。

(3) 砌筑砂浆配合比选用。水泥砂浆材料用量可按表 3.9 选用。

表 3.9 每立方米水泥砂浆材料用量 (单位:kg/m³)

强度等级	每立方米砂浆水泥用量	每立方米砂子用量	每立方米砂浆用水量
M5	200～230		
M7.5	230～260		
M10	260～290		
M15	290～330	1 m³ 砂子的堆积密度值	270～330
M20	340～400		
M25	360～410		
M30	430～480		

注:① M15 及 M15 以下强度等级水泥砂浆,水泥强度等级为 32.5 级;M15 以上强度等级水泥砂浆,水泥强度等级为 42.5 级;

② 当采用细砂或粗砂时,用水量分别取上限或下限;

③ 稠度小于 70 mm 时,用水量可小于下限;

④ 施工现场气候炎热或干燥季节,可酌量增加用水量。

水泥粉煤灰砂浆的材料用量可按表 3.10 选用。

表 3.10 每立方米水泥粉煤灰砂浆的材料用量 (单位:kg/m³)

强度等级	水泥和粉煤灰总量	粉煤灰	砂	用水量
M5	210～240			
M7.5	240～270	粉煤灰掺量可占胶凝材料总量的 15%～25%	砂的堆积密度值	270～330
M10	270～300			
M15	300～330			

注:① 表中水泥强度等级为 32.5 级;

② 当采用细砂或粗砂时,用水量分别取上限或下限;

③ 稠度小于 70 mm 时,用水量可小于下限;

④ 施工现场气候炎热或干燥季节,可酌量增加用水量。

(4) 配合比试配、调整与确定,主要包括以下内容。

① 试配时应采用工程中实际使用的材料;机械搅拌,搅拌时间应自投料结束算起,

并应符合下列规定。

　　a. 对水泥砂浆和水泥混合砂浆，不得小于 120 s。

　　b. 对掺用粉煤灰和外加剂的砂浆，不得小于 180 s。

　　② 按计算或查表所得配合比进行试拌时，应测定其拌和物的稠度和分层度，当不能满足要求时，应调整材料用量，直到符合要求为止。然后确定为试配时的砂浆基准配合比。

　　③ 试配时至少应采用 3 个不同的配合比，其中一个为第(2)条得出的基准配合比，其他配合比的水泥用量应按基准配合比分别增加及减少 10%。在保证稠度、分层度合格的条件下，可将用水量或掺和料用量作相应调整。

　　④ 对 3 个不同的配合比进行调整后，应按现行行业标准《建筑砂浆基本性能试验方法标准》(JGJ/T 70—2009)的规定成型试件，测定砂浆强度；并选定符合试配强度要求的且水泥用量最低的配合比作为砂浆配合比。

　　(5) 砌筑砂浆试配配合比的校正。

　　① 应根据上述确定的砂浆配合比材料用量，按下式计算砂浆的理论表观密度值。

$$\rho_t = Q_c + Q_d + Q_a + Q_w \tag{3-11}$$

式中　ρ_t——砂浆的理论表观密度值，精确至 $10\ kg/m^3$。

　　② 应按下式计算砂浆配合比校正系数 δ。

$$\delta = \frac{\rho_c}{\rho_t} \tag{3-12}$$

式中　ρ_c——砂浆的实测表观密度值，精确至 $10\ kg/m^3$。

　　③ 当砂浆的实测表观密度值与理论表观密度值之差的绝对值不超过理论的 2%时，可将得出的试配配合比确定为砂浆设计配合比；当超过 2%时，应将试配配合比中每项材料用量均乘以校正系数后，确定为砂浆设计配合比。

　　【例】　要求设计用于砌筑填充墙的水泥混合砂浆配合比。设计强度等级为 M7.5，稠度为 70～90 mm。原材料的主要参数：32.5 级矿渣水泥；中砂；堆积密度为 $1450\ kg/m^3$；石灰膏稠度为 120 mm；施工水平一般。

　　解：① 计算砂浆试配强度 $f_{m,0}$，即

$$f_{m,0} = f_2 + 0.645\sigma$$

式中：$f_2 = 7.5\ MPa$；

　　　　$\sigma = 1.88 MPa$(查表 3.8)；

　　　　$f_{m,0} = 7.5 + 0.645 \times 1.88 = 8.7\ MPa$。

　　② 计算每立方米砂浆中的水泥用量(Q_c)。

$$Q_c = \frac{1000 \times (f_{m,0} - \beta)}{\alpha \cdot f_{ce}}$$

式中：$f_{m,0} = 8.7\ MPa$；

　　　　$\alpha = 3.03$，$\beta = -15.09$；

　　　　$f_{ce} = 32.5\ MPa$；

$Q_c = 1000 \times (8.7 + 15.09)/(3.03 \times 32.5) = 242 \text{ kg/m}^3$。

③ 计算每立方米砂浆中石灰膏用量(Q_d)。

$$Q_d = Q_A - Q_c$$

式中　$Q_A = 330 \text{ kg/m}^3$；

$Q_d = 330 - 242 = 88 \text{ kg/m}^3$。

④ 确定每立方米砂浆中的砂用量(Q_a)。

$$Q_a = 1450 \text{ kg/m}^3$$

⑤ 按砂浆稠度选每立方米砂浆用水量(Q_w)。

根据砂浆稠度要求，选择用水量为 300 kg/m³。

砂浆试配时各材料的用量比例：

水泥：石灰膏：砂 = 242：88：1450 = 1：0.36：5.99

项 目 小 结

本章主要介绍了砂浆的砂筛分析试验、砂浆的稠度试验、砂浆的分层度试验、砂浆的抗压强度试验。

1. 普通砂浆

普通砂浆主要包括砌筑砂浆、抹灰砂浆，主要用于承重墙、非承重墙中各种混凝土砖、粉煤灰砖和黏土砖的砌筑和抹灰。

砂浆的和易性是指砂浆是否容易在砖石等表面铺成均匀、连续的薄层，且与基层紧密黏结的性质，包括流动性和保水性两个方面含义。

砌筑砂浆的强度等级分为 M20、M15、M10、M7.5、M5、M2.5 共 6 个等级。

2. 特种砂浆

特种砂浆包括保温砂浆、加固砂浆、防水砂浆、自流平砂浆等，其用途也多种多样，广泛用于建筑外墙保温、室内装饰修补等。

3. 砂浆配合比设计

砂浆配合比设计可通过查有关资料或手册来选取或通过计算来进行，然后再进行试拌调整。

思 考 与 练 习

一、填空题

1. 对混凝土用砂进行筛分析检测，其目的是检测砂的_____和_____。

2. 砂浆的流动性用来表示_____。

3. 特种砂浆包括_____、_____和_____。

4. 普通砂浆包括_____和_____。

5. 砂浆的保水性用_____来表示。

6. 施工现场常用的砂浆抗压强度有_____、_____、_____和_____。

二、单选题

1. 若砂子的筛分曲线落在规定的 3 个级配区中的任一个区，则(　　)。

A. 颗粒级配及细度模数都合格，可用于配制混凝土

B. 颗粒级配合格，但可能是特细砂或特粗砂

C. 颗粒级配不合格，细度模数是否合适不确定

D. 颗粒级配不合格，但是细度模数符合要求

2. 新拌砂浆的和易性包含(　　)两个方面的含义。

A. 黏聚性　流动性　　　　　　　　B. 保水性　流动性

C. 黏聚性　保水性　　　　　　　　D. 收缩性　保水性

3. 测定砂浆立方体抗压强度时采用的标准试块尺寸为(　　)。

A. 100 mm × 100 mm × 100 mm　　B. 150 mm × 150 mm × 150 mm

C. 200 mm × 200 mm × 200 mm　　D. 70.7 mm × 70.7 mm × 70.7 mm

三、计算题

1. 某砂样 500 g，筛分结果如表 3.11 所示，试评定该砂的粗细程度与颗粒级配。

表 3.11　某砂样的筛分结果

方孔筛径/mm	9.50	4.75	2.36	1.18	0.60	0.30	0.15	<0.15
筛余量/g	0	20	40	100	160	100	80	4

2. 要求设计用于砌筑砖墙的水泥混合砂浆配合比。设计强度等级为 M10，稠度为 70～90 mm。原材料的主要参数：32.5 级矿渣水泥；中砂；堆积密度为 1450 kg/m³；石灰膏稠度为 120 mm；施工水平一般。

实训项目四 混凝土性能与检测

 项目分析

混凝土，又称为"砼"，也称普通混凝土，它是由胶结材料、骨料和水按一定比例配制，拌制成拌和物，经浇筑、成型，在一定条件下养护而硬化后得到的人造石材，广泛应用于土木工程。

混凝土具有原料丰富、价格低廉、生产工艺简单的特点，因而其使用量越来越大；同时混凝土还具有抗压强度高、耐久性好、强度等级范围宽等优点，使用范围十分广泛，不仅在各种土木工程中使用，而且在造船业、机械工业、海洋开发、地热工程等中也是重要的材料。

本项目需要完成以下任务：

(1) 碎(卵)石筛分析试验。

(2) 岩石抗压强度试验。

(3) 混凝土拌和物稠度试验。

(4) 混凝土表观密度试验。

(5) 混凝土抗压强度试验。

(6) 混凝土劈裂抗拉强度试验。

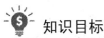 知识目标

(1) 了解混凝土的有关性质。

(2) 了解混凝土材料的检测要求。

(3) 掌握混凝土组成材料的品种、技术要求及选用。

 能力目标

(1) 掌握混凝土的力学性能以及强度等级。

(2) 掌握混凝土的配合比设计及混凝土强度评定。

(3) 掌握混凝土的变形性能以及耐久性。

(4) 能熟练进行混凝土原材料、混凝土拌和物及硬化混凝土的技术指标的检测。

任务一　碎(卵)石筛分析试验

任务目标

(1) 了解碎(卵)石颗粒级配的相关概念。

(2) 掌握碎(卵)石颗粒级配的测定方法。

(3) 能够正确使用仪器与设备。

(4) 培养学生动手操作能力，激发学生学习积极性，充分发挥其主体性和创造性。

知识链接

一、碎(卵)石颗粒级配

碎(卵)石颗粒级配与砂类似，粗骨料的颗粒级配也是通过筛分试验确定的，所采用的标准筛孔径为 2.36 mm、4.75 mm、9.50 mm、16.0 mm、19.0 mm、26.5 mm、31.5 mm、37.5 mm、53.0 mm、63.0 mm、75.0 mm、90.0 mm 等。根据《建筑用卵石、碎石》标准，碎石和卵石的颗粒级配范围如表 4.1 所示。

粗骨料的粒级分为连续粒级和单粒级两种。连续粒级指 5 mm 以上至最大粒径 D_{max}，各粒级均占一定比例，且在一定范围内。单粒级指从 1/2 最大粒径开始至 D_{max}。单粒级用于组成具有要求级配的连续粒级，也可与连续粒级混合使用，以改善级配或配成较大密实度的连续粒级。单粒级一般不宜单独用来配制混凝土，如必须单独使用，则应作技术经济分析，并通过试验证明不发生离析或影响混凝土的质量。

按照实际使用情况，粗骨料又分为连续级配和间断级配两种。

连续级配是石子的粒径从大到小连续分级，每一级都占适当的比例。用连续级配配制的混凝土拌和物的和易性(任务三将详细解释，是一种表示混凝土是否易于施工的性能)好，不易发生离析，在工程中应用较多，如天然卵石。

间断级配是石子粒级不连续，人为剔去某些中间粒级的颗粒而形成的级配方式。间断级配能更有效地降低石子颗粒间的空隙，使水泥达到最大限度的节约，但由于粒径相差较大，故混凝土拌和物易发生离析，工程中应用较少。

二、碎(卵)石筛方法

碎(卵)石的级配与砂的级配一样，通过一套标准筛筛分试验，由计算累计筛余率来确定。采用摇筛机结合标准方筛进行机械碎(卵)石筛，即干筛法。表 4.1 为碎石和卵石的颗粒级配范围。

表 4.1　碎石和卵石的颗粒级配范围

级配情况	公称粒级/mm	累计筛余按重量计/(%)											
		方孔筛筛孔尺寸/mm											
		2.36	4.75	9.5	16.0	19.0	26.5	31.5	37.5	53.0	63.0	75.0	90
连续粒级	5～10	95～100	80～100	0～15	0	—	—	—	—	—	—	—	—
	5～16	95～100	85～100	30～60	0～10	0	—	—	—	—	—	—	—
	5～20	95～100	90～100	40～80	—	0～10	—	—	—	—	—	—	—
	5～25	95～100	90～100	—	30～70	—	0～5	0	—	—	—	—	—
	5～31.5	95～100	90～100	70～90	—	15～45	—	0～5	0	—	—	—	—
	5～40	—	95～100	70～90	—	30～65	—	—	0～5	0	—	—	—
单粒粒级	10～20	—	95～100	85～100	—	0～15	—	—	—	—	—	—	—
	16～31.5	—	95～100	—	85～100	—	—	0～10	0	—	—	—	—
	20～40	—	—	95～100	—	80～100	—	—	0～10	0	—	—	—
	31.5～63	—	—	—	95～100	—	—	75～100	45～75	—	0～10	0	—
	40～80	—	—	—	—	95～100	—	—	70～100	—	30～60	0～10	0

技能训练

一、试验目的

(1) 通过筛分试验测定碎石或卵石的颗粒级配，以便于选择优质粗集料，达到节约水泥和改善混凝土性能的目的。

(2) 为混凝土配合比设计提供依据。

(3) 掌握《建筑用卵石、碎石》的测试方法，正确使用所用仪器与设备，并熟悉其性能。

二、试验器材

(1) 试验筛，孔径为 2.36 mm、4.75 mm、9.50 mm、16.0 mm、19.0 mm、26.5 mm、31.5 mm、37.5 mm、53.0 mm、63.0 mm、75.0 mm 及 90.0 mm 的方孔筛各一个，并附有筛底和筛盖。

(2) 天平或台秤，感量不大于试样质量的 0.1%。

(3) 烘箱，能控温在 (105 ± 5)℃。

(4) 摇筛机。

(5) 其他，如不锈钢盘、铲子、毛刷等。

三、碎(卵)石取样制度

(1) 分批方法：粗骨料取样应按批进行，一般以 400 m³ 为一批。

(2) 抽取试样：取样应自料堆的顶、中、底三个不同高度处，在均匀分布的 5 个不同部位，取大致相等的试样一份，共取 15 份，组成一组试样，取样时，先将取样部位的表面铲除，于较深处铲取。从皮带运输机上取样时，应用接料器在皮带运输机机尾的出料处，定时抽取大致等量的石子 8 份，组成一组样品。从火车、汽车、货船上取样时，由不同部位和深度抽取大致等量的石子 16 份，组成一组样品。

(3) 取样数量：单项试验的最少取样数量应符合表 4.2 的规定。做几项试验时，如确能保证试样经一项试验后不致影响另一项试验的结果，可用同一试样进行几项不同的试验。

表 4.2　单项试验取样数量

单位：kg

试验项目	不同最大粒径(mm)下的最少取样量							
	9.5	16.0	19.0	26.5	31.5	37.5	63.0	75.0
颗粒级配	9.5	16.0	19.0	25.0	31.5	37.5	63.0	80.0
表观密度	8.0	8.0	8.0	8.0	12.0	16.0	24.0	24.0
堆积密度	40.0	40.0	40.0	40.0	80.0	80.0	120.0	120.0

(4) 试样缩分：将所取样品置于平板上，在自然状态下拌和均匀，并堆成堆体，然后用前述四分法把样品缩分至试验所需量为止。堆积密度试验所用试样可不经缩分，在拌匀后直接进行试验。

(5) 若试验不合格应重新取样，对不合格项应进行加倍复检，若仍有一个试样不能满足标准要求，按不合格处理。

四、试样制备

从取回的试样中用四分法缩取不少于规定的试样数量，如表 4.3 所示，经烘干或风干后备用。

表 4.3　碎(卵)石筛分试验最少取样数量

最大粒径/mm	9.5	16.0	19.0	26.5	31.5	37.5	63.0	75.0
试样质量/kg	1.9	3.2	3.8	5.0	6.3	7.5	12.6	16.0

五、试验方法及步骤

(1) 按表 4.2 的规定质量称取试样一份，精确到 1 g。将试样倒入按孔径大小从上到下组合的套筛上。根据需要，可按要求的集料最大粒径的筛孔尺寸过筛，除去超粒径部分颗粒后，再进行筛分。

(2) 用不锈钢盘作筛分容器，按筛孔大小排列顺序逐个将集料过筛。人工筛分时，需使集料在筛面上同时有水平方向及上下方向的不停顿的运动，使小于筛孔的集料通过筛孔，直至 1 min 内通过筛孔的质量小于筛上残余量的 0.1% 为止。采用摇筛机筛分时，将套筛放在摇筛机上，摇 10 min；取下套筛，按筛孔大小顺序再逐个进行人工补筛，筛至每分钟通过量小于试样总量的 0.1% 为止。通过的颗粒并入下一个筛，并和下一号筛中的试样一起过筛，直至各号筛全部筛完。如果某个筛上的集料过多，影响筛分作业时，可以分两次筛分。当筛余颗粒的粒径大于 19.0 mm 时，在筛分过程中允许用手指拨动颗粒，但不得逐粒塞过筛孔。

(3) 称取每个筛上的筛余量，精确至总质量的 0.1%。各筛分计筛余量及筛底存量的总和与筛分前试样的总质量 m_0 相比，相差不得超过 0.5%。

筛分后，如所有筛余量与筛底的试样之和与原试样总量相差超过 1%，则须重新试验。

六、试验结果评定

1. 分计筛余百分率 a_i

$$a_i = \frac{m_i}{m_0} \times 100 \tag{4-1}$$

式中：a_i——各号筛上的分计筛余百分率(%)；

　　　m_i——各号筛上的分计筛余质量(g)；

　　　m_0——用于干筛的干燥集料总质量(g)。

2. 累计筛余百分率 A_i

各号筛的累计筛余百分率为该号筛及大于该号筛的各号筛的分计筛分百分率之和，精确至 0.1%。

3. 质量通过百分率 P_i

各号筛的质量通过百分率等于 100 减去该号筛累计筛余百分率，精确至 0.1%。

七、填写试验报告单

石子筛分析试验报告单如表 4.4 所示。

表 4.4　石子筛分析试验报告单

试样编号					试样产地			
试样名称					用　途			
试样质量 /g	筛孔尺寸 /mm	各筛存留质量/g			分计筛余 a_i/(%)	累计筛余 A_i/(%)	通过率 P_i/(%)	
		第一次	第二次	平　均				
结论								

任务二   岩石抗压强度试验

(1) 了解混凝土粗骨料的强度指标。
(2) 掌握混凝土粗骨料抗压强度的测定方法。
(3) 能够正确使用仪器与设备。
(4) 培养学生动手操作能力，激发学生学习积极性，充分发挥其主体性和创造性。

一、粗骨料强度

粗骨料在混凝土中形成坚实的骨架，故其强度要满足一定的要求。粗骨料的强度有立方体抗压强度和压碎指标值两种。

压碎指标是对粒状粗骨料强度的另一种测定方法。该方法是将气干的石子按规定方法填充于压碎指标测定仪(内径 152 mm 的圆筒，如图 4-1 所示)内，其上放置压头，在试验机上均匀加荷至 200 kN 并稳荷 5 s，卸荷后称量试样质量(G_1)，然后再用孔径为 2.36 mm 的筛进行筛分，称其为筛余量(G_2)，则压碎指标 Q_e 可用下列公式表示：

图 4-1   石子压碎指标测定仪

$$Q_e = \frac{G_1 - G_2}{G_1} \times 100\% \qquad (4\text{-}2)$$

压碎指标值越大，说明骨料的强度越小。该种方法操作简便，在实际生产质量控制中应用较普遍。根据《建设用卵石、碎石》(GB/T 14685—2011)的规定，粗骨料的压碎指标值控制可参照表 4.5。

表 4.5   碎石、卵石的压碎指标值

类别	I	II	III
碎石压碎指标	≤10	≤20	≤30
卵石压碎指标	≤12	≤16	≤16

二、岩石抗压强度的测定方法

对于岩石抗压强度，即浸水饱和状态下的骨料母体岩石制成的 50 mm × 50 mm × 50 mm 立方体试件，在标准试验条件下测得其抗压强度值。要求该强度火成岩不小于 80 MPa，变质岩不小于 60 MPa，水成岩不小于 30 MPa。

技能训练

一、试验目的

(1) 单轴抗压强度试验是测定规则形状岩石试件单轴抗压强度的方法，主要用于岩石的强度分级和岩石的描述。

(2) 本法采用饱和状态下的岩石立方体(或圆柱体)试件的抗压强度来评定岩石强度(包括碎石或卵石的原始岩石强度)。

(3) 在某些情况下，试件含水状态还可根据需要选择天然状态、烘干状态或冻融循环后的状态。试件的含水状态要在试验报告中注明。

二、试验器材

(1) 压力试验机或万能试验机。
(2) 钻石机、切石机、磨石机等岩石试件加工设备。
(3) 烘箱、干燥器、游标卡尺、角尺及水池等。

三、碎(卵)石取样制度

本任务的取样制度与碎(卵)石筛分析试验的碎(卵)石取样制度相同。

四、试样制备

取有代表性的试验用岩石样品，用石材切割机切割成立方体试件，或用钻石机钻取圆柱体试件，然后用磨光机把试件与压力机压板接触的两个面磨光并保持平行，加工好的试件为边长是(50±2)mm 的立方体，或直径与高度均为 50 mm 的圆柱体。

需用角尺、游标卡尺进行检查，6 个试件一组。对于有显著层理的岩石，分别沿平行和垂直层理方向各取试件 6 个。试件上、下端面应平行和磨平，试件端面的平面度公差应小于 0.5 mm，端面对于试件轴线垂直度偏差不应超过 0.25°。

试验前，应描述试件的下列内容：
(1) 岩石名称、颜色、矿物成分、结构、风化程度、胶结物性质等。
(2) 加荷方向与岩石试件内层理、节理、裂隙的关系及试件加工中出现的问题。
(3) 含水状态及所使用的方法。

五、试验方法及步骤

1. 测量

用游标卡尺量取试件尺寸(精确至 0.1 mm)，对立方体试件在顶面和底面上各量取其边长，以各个面上相互平行的两个边长的算术平均值计算其承压面积；对于圆柱体试件，在顶面和底面分别测量两个相互正交的直径，并以其各自的算术平均值分别计算底面和顶面的面积，取其顶面和底面面积的算术平均值作为计算抗压强度所用的截面面积。

2. 试件烘干或饱和处理

根据试验要求需对试件进行烘干或饱和处理。

烘干试件时需在 105℃～110℃下烘干 24 h。

自由浸水法饱和试件：将试件放入水槽，先注水至试件高度的 1/4 处，以后每隔 2 h 分别注水至试件高度的 1/2 和 3/4 处，6 h 后全部浸没试件，试件在水中自由吸水 48 h。

煮沸法饱和试件：煮沸容器内的水面应始终高于试件，煮沸时间不少于 6 h。

真空抽气法饱和试件：饱和容器内的水面应始终高于试件，真空压力表读数宜为 100 kPa，直至无气泡逸出为止，但总抽气时间不应少于 4 h。

3. 安装试件、加荷

按岩石强度性质，选定合适的压力机(图 3-8)。将试件置于试验机承压板中心，使之均匀受荷，对正上、下承压板，注意不得偏心。然后以 0.5～1.0 MPa/s 的加载速度加荷，直至试件破坏，记下破坏荷载(P)。抗压试件试验的最大荷载记录以"N"为单位，精度为 1%。

最后，描述破坏荷载及加载过程中出现的现象，并记录有关情况。

六、试验结果评定

1. 计算岩石的单轴抗压强度

岩石的单轴抗压强度为

$$\sigma_c = \frac{P}{A} \tag{4-3}$$

式中：σ_c——岩石的单轴抗压强度(MPa)；

P——破坏荷载(N)；

A——垂直于加荷方向试件断面面积(mm^2)。

计算值取 3 位有效数字。

2. 试验记录

单轴抗压强度试验记录应包括岩石名称、试验编号、试件编号、试件描述、试件尺寸、破坏荷载、破坏形态。

七、填写试验报告单

岩石抗压强度试验报告单见表 4.6。

表 4.6　岩石抗压强度试验报告单

试样编号	受力方向	试验状态	试件尺寸/mm		横截面积 A/mm^2	破坏荷载 P/N	单轴抗压强度 σ_c / MPa	
			直径(长、宽)	高			单　值	平均值
结论								

任务三 混凝土拌和物稠度试验

任务目标

(1) 了解混凝土拌和物和易性的概念。

(2) 掌握混凝土拌和物和易性的判定指标。

(3) 掌握坍落度与坍落扩展度法的测定。

(4) 掌握维勃稠度法的测定。

(5) 能够正确使用仪器与设备。

(6) 培养学生动手操作能力,激发学生学习积极性,充分发挥其主体性和创造性。

知识链接

一、混凝土和易性

混凝土和易性是指混凝土拌和物易于施工操作(包括搅拌、运输、浇筑、振捣和密实成型),并能获得质量均匀、成型密实的性能。和易性好的混凝土在搅拌时各种组成材料易于均匀混合,均匀卸出;在运输过程中拌和物不离析;在浇筑过程中易于浇筑、振实、填满模板;在硬化过程中能保证水泥水化以及水泥石和骨料的良好黏结。因此混凝土的和易性是一项综合性质,包括流动性、黏聚性、保水性三个方面的性质。

流动性是指混凝土拌和物在本身自重或机械振捣的作用下产生流动,能均匀密实地填满模板的性能。它反映了混凝土拌和物的稀稠程度,直接影响到浇捣施工的难易程度和混凝土的质量。

黏聚性是指混凝土拌和物的各种组成材料在施工过程中具有一定的内聚力,能保持成分的均匀性,在运输、浇筑、振捣过程中不发生分层离析的现象。它反映了混凝土拌和物的均匀性。

保水性是指混凝土拌和物在施工过程中具有一定的保持内部水分的能力,不产生严重泌水的性能。保水性差的混凝土,其内部固体颗粒下沉、水分上浮,影响水泥的水化;使混凝土表层疏松,同时泌水通道会形成混凝土的连通孔隙而降低其密实度、强度和耐久性。它反映了混凝土拌和物的稳定性。

由上述内容可知,混凝土的和易性是一项由流动性、黏聚性、保水性构成的综合性能,各性能间既相互关联又相互矛盾。如提高水灰比可提高流动性,但往往又会使黏聚性和保水性变差;而黏聚性、保水性好的拌和物一般流动性可能较差。在实际工程中,应尽可能使三者达到协调统一,既满足混凝土施工时要求的流动性,同时也具有良好的黏聚性和保水性。

二、和易性的检验评定方法

通常采用定量法测定混凝土拌和物的流动性，再辅以直观经验评定黏聚性和保水性来综合评定混凝土的和易性。根据《普通混凝土拌和物性能试验方法标准》(GB 50080—2016)的规定，拌和物的流动性大小用坍落度与坍落扩展度法和维勃稠度法测定。其中坍落度和坍落扩展度法适用于骨料最大粒径不大于 40 mm、坍落度不小于 10 mm 的塑性和流动性混凝土拌和物；维勃稠度法适用于骨料最大粒径不大于 40 mm、维勃稠度在 5～30 s 之间的干硬性混凝土拌和物。

三、混凝土拌和物的测定方法

混凝土拌和物定量测定流动性的常用方法主要是坍落度法和维勃稠度法。

四、坍落度

坍落度是指一定形状的新拌水泥混凝土拌和物在自重作用下的下沉量，如图 4-2 所示。

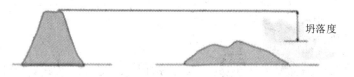

图 4-2　坍落度示意图

技能训练

一、试验目的

通过测定混凝土拌和物的坍落度，同时评定混凝土拌和物的黏聚性和保水性，为混凝土配合比设计、混凝土拌和物质量评定提供依据；掌握《普通混凝土拌和物性能试验方法标准》(GB/T 50080—2016)的测试方法，正确使用所用仪器与设备，并熟悉其性能。

二、试验器材

(1) 搅拌机，容量为 75～100 L，转速为 18～22 r/min。

(2) 磅秤，称量为 50 kg，感量为 50 g。

(3) 拌板、拌铲、量筒、天平、盛器。

(4) 坍落度筒，由薄钢板或其他金属制成，形状和尺寸如图 4-3 所示，在坍落度筒外 2/3 高度处安两个把手，下端两侧焊脚踏板。

(5) 捣棒，要求直径为 16 mm、长为 650 mm 的钢棒，端部应磨圆，如图 4-3 所示。

(6) 底板、钢尺、小铲等。

(7) 维勃稠度仪，如图 4-4 所示，由以下部分组成。

① 振动台。振动台的台面长为 380 mm、宽为 260 mm，支承在 4 个减振器上。台面底部安有频率为(50 ± 3) Hz 的振动器，装有空容器时台面的振幅应为(0.5 ± 0.1) mm。

② 容器。容器由钢板制成，内径为(240 ± 5) mm，高为(200 ± 2) mm，筒壁厚为 3 mm，筒底厚 7.5 mm。

③ 旋转架。旋转架与测杆及喂料斗相连。测杆下部安装有透明且水平的圆盘，并用测杆螺丝把测杆固定在套管中。旋转架安装在支柱上，通过十字凹槽来固定方向，并用定位螺丝来固定其位置。就位后，测杆或喂料斗的轴线应与容器的轴线重合。

④ 透明圆盘直径为(230 ± 2) mm，厚度为(10 ± 2) mm。荷重块直接固定在圆盘上。由测杆、圆盘及荷重块组成的滑动部分总质量应为(2750 ± 50) g。

⑤ 坍落度筒及捣棒同坍落度检测，但筒没有脚踏板。

(8) 秒表(精确至 0.5 s)。

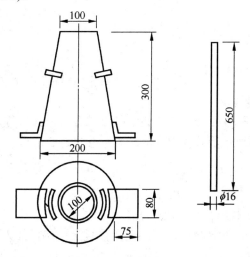

图 4-3 坍落度筒与捣棒

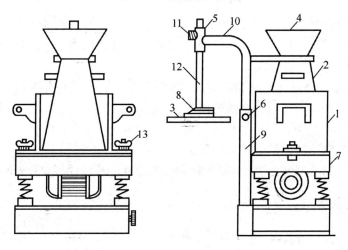

1—容器；2—坍落度筒；3—透明圆盘；4—喂料斗；5—套筒；6—定位螺钉；7—振动台；

8—荷重；9—支柱；10—旋转架；11—测杆螺丝；12—测杆；13—固定螺丝。

图 4-4 维勃稠度仪

三、混凝土取样制度

(1) 同一组混凝土拌和物的取样应从同一盘混凝土或同一车混凝土中取样。取样量应多于试验所需量的 1.5 倍；且不宜小于 20 L。

(2) 混凝土拌和物的取样应具有代表性，宜采用多次采样的方法。一般在同一盘混凝土或同一车混凝土中约 1/4、1/2 和 3/4 处分别取样，从第一次取样到最后一次取样不宜超过 15 min，然后人工搅拌均匀。

(3) 从取样完毕到开始做各项性能试验不宜超过 5 min。

(4) 普通混凝土力学性能试验应以 3 个试件为一组，每组试件所用的拌和物应从同一盘混凝土或同一车混凝土中取样。

四、试样制备

1. 材料备置

(1) 试验室拌和混凝土时，材料用量应以质量计。称量精度：骨料为 ±1%；水、水泥、掺和料、外加剂均为 ±0.5%。

(2) 混凝土拌和物的制备应符合《普通混凝土配合比设计规程》(JGJ 55—2011)。

(3) 从试样制备完毕到开始做各项性能试验不宜超过 5 min。

2. 拌和方法

1) 人工拌和法

(1) 按所定配合比备料，以全干状态为准。

(2) 将拌板和拌铲用湿布湿润后，将砂倒在拌板上，然后加入水泥，用拌铲自拌板一端翻拌至另一端，然后再翻拌回来，如此反复，直至颜色混合均匀，再加上石子，翻拌至混合均匀为止。

(3) 将干混合料堆成堆，在中间做一个凹槽，将已称量好的水的一半左右倒入凹槽中(勿使水流出)，然后仔细翻拌，并徐徐加入剩余的水，继续翻拌，每翻拌一次，用铲在混合料上铲切一次，直至拌和均匀为止。

(4) 拌和时力求动作敏捷，拌和时间从加水时算起，应大致符合下列规定：

拌和物体积为 30 L 以下时，拌和时间为 4~5 min；

拌和物体积为 30~50 L 时，拌和时间为 5~9 min；

拌和物体积为 51~75 L 时，拌和时间为 9~12 min。

(5) 从试样制备完毕到开始做混凝土拌和物各项性能试验(不包括成型试件)不宜超过 5 min。

2) 机械搅拌法

(1) 按所定配合比备料，以全干状态为准。

(2) 预拌一次，即用按配合比的水泥、砂和水组成的砂浆及少量石子，在搅拌机中进行涮膛，然后倒出并刮去多余的砂浆，其目的是使水泥砂浆先黏附满搅拌机的筒壁，以免正式搅拌时影响拌和物的配合比。

(3) 开动搅拌机，向搅拌机内依次加入石子、砂和水泥，先干拌均匀，再将水徐徐加入，全部加料时间不超过 2 min；水全部加入后，继续拌和 2 min。

(4) 将拌和物自搅拌机中卸出，倾倒在拌板上，再经人工拌和 1～2 min，即可做混凝土拌和物各项性能试验。从试件制备完毕到开始做各项性能试验(不包括成型试件)不宜超过 5 min。

五、试验方法及步骤

1. 坍落度与坍落扩展度法

本方法适用于骨料最大粒径不大于 40 mm、坍落度不小于 10 mm 的混凝土拌和物稠度测定。

(1) 湿润坍落度筒及底板，在坍落度筒内壁和底板上应无明水。底板应放置在坚实水平面上，并把筒放在底板中心，然后用脚踩住两边的脚踏板，坍落度筒在装料时应保持固定的位置。

(2) 把按要求取得的混凝土试样用小铲分 3 层均匀地装入筒内，使捣实后每层高度为筒高的 1/3 左右。每层用捣棒插捣 25 次。插捣应沿螺旋方向由外向中心进行，各次插捣应在截面上均匀分布。插捣筒边混凝土时，捣棒可以稍稍倾斜。插捣底层时，捣棒应贯穿整个深度，插捣第二层和顶层时，捣棒应插透本层至下一层的表面；浇灌顶层时，混凝土应灌到高出筒口。插捣过程中，如混凝土沉落到低于筒口，则应随时添加。顶层插捣完后，刮去多余的混凝土，并用抹刀抹平。

(3) 清除筒边底板上的混凝土后，垂直平稳地提起坍落度筒。坍落度筒的提离过程应在 5～10 s 内完成；从开始装料到提坍落度筒的整个过程应不间断地进行，并应在 150 s 内完成。

(4) 提起坍落度筒后，测量筒高与坍落后混凝土试体最高点之间的高度差，即为该混凝土拌和物的坍落度值，如图 4-5 所示。提离坍落度筒后，如混凝土发生崩坍或一边剪坏现象，则应重新取样另行测定；如第二次检测仍出现上述现象，则表示该混凝土和易性不好，应予记录备查。

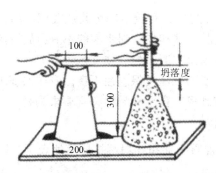

图 4-5　坍落度测定示意图(单位：mm)

(5) 当混凝土拌和物的坍落度大于 220 mm 时，用钢尺测量混凝土扩展后最终的最大直径和最小直径，在这两个直径之差小于 50 mm 的条件下，用其算术平均值作为坍落扩展度值；否则，此次试验无效。

2. 维勃稠度法

本方法适用于骨料最大粒径不大于 40 mm，维勃稠度在 5～30 s 之间的混凝土拌和物稠度测定。

(1) 维勃稠度仪应放置在坚实水平面上，用湿布把容器、坍落度筒、喂料斗内壁及其他用具润湿。

(2) 将喂料斗提到坍落度筒上方扣紧，校正容器位置，使其中心与喂料中心重合，然后拧紧、固定螺丝。

(3) 把按要求取样或制作的混凝土拌和物试样用小铲分 3 层经喂料斗均匀地装入筒内，装料及插捣的方法同坍落度法。

(4) 把喂料斗转离，垂直地提起坍落度筒，此时应注意不使混凝土试体产生横向的扭动。

(5) 把透明圆盘转到混凝土圆台体顶面，放松测杆螺钉，降下圆盘，使其轻轻接触到混凝土顶面。

(6) 拧紧定位螺钉，并检查测杆螺钉是否已经完全放松。

(7) 在开启振动台的同时用秒表计时，当振动到透明圆盘的底面被水泥浆布满的瞬间停止计时，并关闭振动台。由秒表读出的振动时间即为该混凝土拌和物的维勃稠度值，精确至 1 s。

六、试验结果评定

1. 坍落度与坍落扩展度法试验结果评定

1) 坍落度小于 220 mm 时

(1) 流动性。流动性以混凝土拌和物坍落度值表示，以毫米为单位，测量精确至 1 mm，结果表达修约至 5 mm。

(2) 黏聚性。黏聚性的检查方法是用捣棒在已坍落的混凝土锥体侧面轻轻敲打。此时，如果锥体逐渐下沉，则表示黏聚性良好；如果锥体倒塌，部分崩裂或出现离析现象，则表示黏聚性不好。

(3) 保水性。坍落度筒提起后如有较多的稀浆从底部析出，锥体部分的混凝土也因失浆而骨料外露，这表明此混凝土拌和物的保水性能不好；如坍落度筒提起后无稀浆或仅有少量稀浆自底部析出，则表示此混凝土拌和物保水性良好。

如坍落度不满足要求，或黏聚性及保水性不良，应在保证水灰比不变的条件下，适当调整水、水泥用量及品种或砂率，直至和易性符合要求为止。

2) 坍落度大于 220 mm 时

(1) 流动性。流动性以混凝土拌和物坍落扩展度值表示，以毫米为单位，测量精确至 1 mm，结果表达修约至 5 mm。

(2) 抗离析性。提起坍落度筒后，如果混凝土拌和物在扩展的过程中始终保持其匀质性，不论扩展的是中心还是边缘，粗骨料的分布都是均匀的，也无浆体析出，表示此混凝土拌和物抗离析良好；如果发现骨料在中央集堆或边缘有水泥浆析出，则表明此混凝土拌和物抗离析性不好。

2. 维勃稠度法试验结果评定

由秒表读出的时间即为该混凝土拌和物的维勃稠度值，精确至 1 s。维勃稠度在 5～30 s 之间。

坍落度不大于 50 mm 或干硬性混凝土和维勃稠度大于 30 s 的特干硬性混凝土拌和物的稠度可采用增实因数法来测定。

七、填写试验报告单

混凝土拌和物性能试验试拌材料用量表见表 4.7。

表 4.7　混凝土拌和物性能试验试拌材料用量表

材　　料		水泥	水	砂子	石子	总量	配合比 (水泥：水：砂子：石子)
调整前	每立方混凝土材料用量/kg						
	试拌 15L 混凝土材料量/kg						

混凝土拌和物和易性坍落度和坍落扩展度法试验报告单见表 4.8。

表 4.8　混凝土拌和物和易性坍落度和坍落扩展度法试验报告单

材　　料		水泥	水	砂子	石子	总量	坍落度值 /mm	坍落扩展度 /mm
调整后	第一次调整增加量/kg							
	第二次调整增加量/kg							
	合　计/kg							

混凝土拌和物和易性维勃稠度法试验报告单见表 4.9。

表 4.9　混凝土拌和物和易性维勃稠度法试验报告单

材　　料		水泥	水	砂子	石子	总量	秒表初值 /s	秒表终值 /s	维勃稠度 /s
调整后	第一次调整增加量/kg								
	第二次调整增加量/kg								
	合　计/kg								

任务四　混凝土表观密度试验

任务目标

(1) 了解混凝土表观密度的概念。

(2) 理解混凝土表观密度对确定混凝土配合比的重要性。

(3) 掌握混凝土表观密度的测定方法。

(4) 能够正确使用仪器与设备。

(5) 培养学生动手操作能力，激发学生学习积极性，充分发挥其主体性和创造性。

一、混凝土表观密度概述

混凝土表观密度是指混凝土拌和物捣实后的单位体积重量。经强度复核之后的混凝土配合比，应根据混凝土表观密度的实测值进行校正。

二、混凝土表观密度的测定方法

运用容量筒(图 4-6)测出数据，按下列公式计算出混凝土拌和物表观密度实测值：

$$\rho_{oh} = \frac{m_2 - m_1}{v_o} \times 1000 \tag{4-4}$$

式中：ρ_{oh}——表观密度(kg/m^3)；

m_1——容量筒质量(kg)；

m_2——容量筒和试样总质量(kg)；

v_o——容量筒容积(L)。

试验结果的计算精确至 10 kg/m^3。

图 4-6　容量筒

一、试验目的

测定混凝土拌和物捣实后的表观密度，作为调整混凝土配合比的依据。掌握《普通混凝土拌和物性能试验方法》(GB/T 50080—2016)，正确使用仪器设备。

二、试验器材

(1) 容量筒(图 4-6)，即金属制成的圆筒，两旁装有提手。对于骨料最大粒径不大于 40 mm

的拌和物采用容积为 5 L 的容量筒，其内径与内高均为(186 ± 2) mm，筒壁厚为 3 mm；当骨料最大粒径大于 40 mm 时，容量筒的内径与内高均应大于骨料最大粒径的 4 倍。容量筒上缘及内壁应光滑平整，顶面与底面应平行并与圆柱体的中心轴垂直。

容量筒容积应予以标定，标定方法可采用一块能覆盖住容量筒顶面的玻璃板，先称出玻璃板和空桶的质量，然后向容量筒中灌入清水，当水接近上口时，一边不断加水，一边把玻璃板沿筒口徐徐推入盖严，应注意使玻璃板下不带入任何气泡；然后擦净玻璃板面及筒壁外的水分，将容量筒连同玻璃板放在台秤上称其质量；两次质量之差(kg)即为容量筒的容积(L)。

(2) 台秤，称量为 50 kg，感量为 50 g。

(3) 振动台，应符合《混凝土试验室用振动台》(JG/T 3020)中技术要求的规定。

(4) 捣棒。

三、混凝土取样制度

本任务的混凝土取样与混凝土拌和物稠度试验的混凝土取样制度相同。

四、试样制备

本试验同混凝土拌和物稠度试验一样，通常在稠度试验后进行混凝土表观密度试验。

五、试验方法及步骤

(1) 用湿布把容量筒内外擦干净，称出容量筒质量，精确至 50 g。

(2) 混凝土的装料及捣实方法应根据拌和物的稠度而定。坍落度不大于 70 mm 的混凝土用振动台振实为宜；大于 70 mm 的用捣棒捣实为宜。采用捣棒捣实时，应根据容量筒的大小决定分层与插捣次数；用 5 L 容量筒时，混凝土拌和物应分两层装入，每层的插捣次数应按每 10 000 mm² 截面不小于 12 次计算。各次插捣应由边缘向中心均匀地插捣，插捣底层时捣棒应贯穿整个深度，插捣第二层时，捣棒应插透本层至下一层的表面；每一层捣完后用橡皮锤轻轻沿容器外壁敲打 5~10 次，使混凝土拌和物振实，直至拌和物表面插捣孔消失并不见大气泡为止。

采用振动台振实时，应一次将混凝土拌和物灌到高出容量筒口。装料时可用捣棒稍加插捣，振动过程中如混凝土低于筒口，应随时添加混凝土，振动直至表面出浆为止。

(3) 用刮尺将筒口多余的混凝土拌和物刮去，表面如有凹陷应填平；将容量筒外壁擦净，称出混凝土试样与容量筒总质量，精确至 50 g。

六、试验结果评定

按照公式(4-4)计算出混凝土表观密度实测值，试验结果精确至 10 kg/m³。

七、填写试验报告单

混凝土表观密度试验报告单如表 4.10 所示。

表 4.10　混凝土表观密度试验报告单

容量筒质量 m_1 / kg		
容量筒和试样总质量 m_2 / kg		
试样质量 m_2-m_1 / kg		
容量筒体积 v_o / L		
表观密度实测值 ρ_{oh} / (kg · m^{-3})		
结论:		

任务五　混凝土抗压强度试验

任务目标

(1) 了解混凝土强度、抗压强度的概念。

(2) 理解判定混凝土质量的最主要的依据是混凝土抗压强度这一原则。

(3) 掌握混凝土抗压强度的测定方法。

(4) 能够正确使用仪器与设备。

(5) 培养学生动手操作能力,激发学生学习积极性,充分发挥其主体性和创造性。

知识链接

一、混凝土强度

混凝土的强度是混凝土硬化后最主要的技术性质。强度包括抗压、抗拉、抗弯、抗剪及混凝土与钢筋之间的黏结强度等,其中以抗压强度为最大。因此在建筑工程中主要利用混凝土来承受压力,抗压强度也是判定混凝土质量的最主要的依据。工程中提到的混凝土强度一般指的是混凝土的抗压强度。

二、混凝土抗压强度

立方体抗压强度,按照《普通混凝土力学性能试验方法标准》的规定,以边长为 150 mm 的立方体试件,在标准养护条件(温度(20 ± 2)℃,相对湿度 95%以上)下养护或在温度为 (20 ± 2)℃ 的不流动的 $Ca(OH)_2$ 饱和溶液中养护 28 d(从搅拌加水开始计时),用标准试验方法所测得的抗压强度值为混凝土的立方体抗压强度,用 f_{cu} 表示。

混凝土的立方体抗压强度是标准试件在标准条件下测定出来的,其目的是具有可比性。在实际施工中,也可以根据粗骨料的最大粒径而采用非标准试件测出强度值,经换算成标准试件时的抗压强度。换算系数如表 4.11 所示。

表 4.11 混凝土试件尺寸及强度的换算系数

骨料最大粒径/mm	试件尺寸/mm × mm × mm	换算系数
≤31.5	100 × 100 × 100	0.95
≤40.0	150 × 150 × 150	1.00
≤63.0	200 × 200 × 200	1.05

当混凝土强度等级≥C60 时，宜采用标准试件；当采用非标准试件时，尺寸换算系数可通过试验进行确定。

三、混凝土抗压强度试验的测定方法

立方体抗压强度标准值是按标准方法制作、养护的边长为 150 mm 的立方体试件，如图 4-7 所示，在 28 d 龄期用标准试验方法测得的具有 95%保证率的抗压强度，用$f_{cu,k}$表示。运用压力试验机，测出试件的破坏荷载，利用下列公式计算出混凝土立方体抗压强度：

$$f_{cu,k} = \frac{F}{A} \tag{4-5}$$

式中：$f_{cu,k}$——混凝土立方体试件的抗压强度值(MPa)；

F——试件破坏荷载(N)；

A——试件承压面积(mm^2)。

图 4-7 混凝土立方体试件

混凝土强度等级是根据混凝土立方体抗压强度的标准值划分级别的。《混凝土结构设计规范》(GB 50010—2015)将混凝土划分为 C15、C20、C25、C30、C35、C40、C45、C50、C55、C60、C65、C70、C75、C80 等 14 个等级。其中 C 表示混凝土，C 后面的数字表示混凝土立方体抗压强度的标准值(以 MPa 计)，如 C30 表示混凝土立方体抗压强度标准值为 30 MPa。

技能训练

一、试验目的

测定混凝土立方体抗压强度，作为评定混凝土质量的主要依据。

二、试验器材

(1) 压力试验机(图 3-8)，测量精度为 ±1%，试件破坏荷载应大于压力机全程量的 20%且小于压力机全程量的 80%。应具有加荷速度指标装置或加荷速度控制装置，并应能均匀、连续加荷。试验机上下压板及试件之间可垫以钢垫板，其平面尺寸大于试件的承压面积。

(2) 试模(图 4-8)。试模由铸铁或钢制成，应具有足够的刚度且拆装方便。试模内表面应进行机械加工，其不平整度应为每 100 mm 不超过 0.05 mm，组装后各相邻面的不垂直度不应超过 ±0.5°。

(3) 振动台。振动台由铸铁或钢制成，振动频率为 (50 ± 3) Hz，空载振幅约为 0.5 mm。

(4) 捣棒、金属直尺、抹刀等。

图 4-8　混凝土立方体试模

三、混凝土取样制度

混凝土取样制度与混凝土拌和物稠度试验的混凝土取样制度相同。

四、试样制备

试样制备，主要分为试样制作和试样养护两部分内容。

1. 试样制作

(1) 制作试件前应检查试模尺寸，拧紧螺丝并清刷干净，在其内壁涂上一薄层矿物油脂。普通混凝土立方体抗压强度检测所用立方体试件是以同一龄期者为一组，每组至少 3 个同时制作并共同养护的混凝土试件。

(2) 试件的成型方法应根据混凝土拌和物的稠度来确定。坍落度大于 70 mm 的混凝土拌和物采用捣棒人工捣实成型。将搅拌好的混凝土拌和物分两层装入试模，每层装料的厚度相同。插捣时，用钢制捣棒按螺旋方向从边缘向中心均匀进行。插捣底层时，捣棒应达到试模底面；插捣上层时，捣棒应贯穿下层深度约 20~30 mm，并用镘刀沿试模内侧插捣数次。每层的插捣次数应根据试件的截面而定，一般为每 100 cm² 截面不应少于 12 次。插捣后应用橡皮锤轻轻敲击试模四周，直至插捣棒留下的空洞消失为止。

坍落度不大于 70 mm 的混凝土拌和物采用振动台振实成型。将搅拌好的混凝土拌和物一次装入试模，装料时用抹刀沿试模内壁略加插捣并使混凝土拌和物高出试模口，然后将试模放到振动台上，振动时应防止试模在振动台上自由跳动，振动应持续到混凝土表面出浆为止，且应避免过振。

(3) 刮除试模上口多余的混凝土，待混凝土临近初凝时，用抹刀抹平。

2. 试件养护

(1) 试件成型后应立即用不透水的薄膜覆盖表面，以防止水分蒸发。

(2) 采用标准养护的试件，应在温度(20±5)℃的环境中静置一昼夜至两昼夜，然后编号、拆模。拆模后的试件立即放在相对湿度为 95% 以上的标准养护室中养护，或在温度为 (20±2)℃的不流动的 Ca(OH)$_2$ 饱和溶液中养护。标准养护室内的试件应放在支架上，彼此相隔 10~20 mm，试件表面应保持潮湿，并不得被水直接冲淋。

(3) 标准养护龄期为 28 d(从搅拌加水开始计时)。

五、试验方法及步骤

立方体抗压强度试验步骤：

(1) 试件从养护地点取出后应及时进行试验，将试件表面与上下承压板面擦干净。

(2) 将试件安放在试验机的下压板或垫板上，试件的承压面应与成型时的顶面垂直。试件的中心应与试验机下压板中心对准，开动试验机，当上压板与试件或钢垫板接近时，调整球座，使接触均衡。

(3) 在试验过程中应连续均匀地加荷，混凝土强度等级＜C30 时，加荷速度取每秒钟 0.3~0.5 MPa；混凝土强度等级≥C30 且小于 C60 时，取每秒钟 0.5~0.8 MPa；混凝土强度等级≥C60 时，取每秒钟 0.8~1.0 MPa。

(4) 当试件接近被破坏、开始急剧变形时，应停止调整试验机油门，直至破坏。记录破坏荷载，如图 4-9 和图 4-10 所示。

图 4-9　混凝土抗压测定图　　　　　图 4-10　压力试验机读数显示盘

六、试验结果评定

(1) 立方体抗压强度试验结果计算及确定按公式(4-5)进行计算，混凝土立方体抗压强度计算精确至 0.1 MPa。

(2) 强度值的确定应符合下列规定：

① 3 个试件测试值的算术平均值作为该组试件的强度值(精确至 0.1 MPa)。

② 3 个试件测试值中的最大值或最小值中如有一个与中间值的差值超过中间值的 15%，则把最大及最小值一并舍除，取中间值作为该组试件的抗压强度值。

③ 如最大值和最小值与中间值的差值均超过中间值的 15%，则该组试件的试验结果无效。

(3) 混凝土强度等级＜C60 时，用非标准试件测得的强度值均应乘以尺寸换算系数，其值如表 4.11 所示。当混凝土强度等级≥C60 时，宜采用标准试件；使用非标准试件时，尺寸换算系数应由试验确定。

七、填写试验报告单

普通混凝土抗压强度试件成型与养护记录表如表 4.12 所示。

表 4.12　普通混凝土抗压强度试件成型与养护记录表

成型日期		水灰比	拌和方法	养护方法	捣实方法	养护条件	养护龄期
欲拌混凝土强度等级							

普通混凝土立方体抗压强度测试记录表如表 4.13 所示。

表 4.13　普通混凝土立方体抗压强度测试记录表

试块编号	试件截面尺寸		受压面积 A /mm^2	破坏荷载 F /N	抗压强度 f /MPa	平均抗压强度 f_{cu} /MPa
	试块长 a /mm	试块宽 b /mm				
1						
2						
3						

结果评定：根据国家规定，该混凝土强度等级为＿＿＿＿＿＿＿＿＿＿＿＿＿＿＿＿。

任务六　混凝土劈裂抗拉强度试验

任务目标

掌握混凝土劈裂抗拉强度的正确操作方法与试验报告单的填写方法。

知识链接

一、混凝土劈裂抗拉强度概述

混凝土抗拉强度是指混凝土轴心抗拉强度，即混凝土试件受拉力作用后断裂时所承受的最大荷载除以截面面积所得的应力值，用 f_{ct} 来表示，单位为 MPa。

二、混凝土抗拉强度的测定方法

混凝土轴心抗拉强度的测试主要有两种方法：一是直接测试法，二是劈裂试验法。

直接测试法是用钢模浇筑成型的 100 mm × 100 mm × 500 mm 棱柱体试件通过预埋在试件轴线两端的钢筋，对试件施加均匀拉力，试件破坏时的平均拉应力即为混凝土的轴心抗拉强度。

　　劈裂试验是用立方体或圆柱体试件进行,在试件上下支承面与压力机压板之间加一条垫条,使试件上下形成对应的条形加载,造成试件沿立方体中心或圆柱体直径切面的劈裂破坏,将劈裂时的力值进行换算即可得到混凝土的轴心抗拉强度。

　　本次任务主要介绍混凝土劈裂抗拉强度试验的测试方法。

技能训练

一、试验目的

　　本试验规定了测定混凝土立方体试件的劈裂抗拉强度方法,本试验适用于各类混凝土的立方体试件。

二、试验器材

　　劈裂钢垫条和三合板垫层(或纤维板垫层)。钢垫条顶面为直径 150 mm 的弧形,长度不短于试件边长;木质三合板或硬质纤维板垫层的宽度为 15~20 mm,厚为 3~4 mm,垫层不得重复使用。

三、混凝土取样制度

　　与混凝土拌和物稠度试验的混凝土取样制度相同。

四、试样制备

　　(1) 采用边长 150 mm 方块作为标准试件,其最大集料粒径应为 40 mm。

　　(2) 本试件应以同龄期者为一组,每组为 3 个同条件制作和养护的混凝土试块。

五、试验方法及步骤

　　(1) 试件从养护地点取出后,擦拭干净,测量尺寸,检查外观,在试件中部划出劈裂面位置线。劈裂面与试件成型时的顶面垂直,尺寸测量精确至 1 mm。

　　(2) 试件放在球座上,几何对中,放妥垫层垫条,其方向与试件成型时顶面垂直。

　　(3) 当混凝土强度等级低于 C30 时,以 0.02~0.05 MPa/s 的速度连续而均匀地加荷,当混凝土强度等级不低于 C30 时,以 0.05~0.08 MPa/s 的速度连续而均匀地加荷,当上压板与试件接近时,调整球座使接触均衡。当试件接近破坏时,应停止调整油门,直至试件破坏,记下破坏荷载,准确至 0.01 kN。

六、试验结果评定

　　(1) 混凝土劈裂抗拉强度应按下式计算:

$$f_{ct} = \frac{2P}{A\pi} = 0.637\frac{P}{A} \tag{4-6}$$

式中：f_{ct}——混凝土劈裂抗拉强度(MPa)；

　　　P——破坏荷载(N)；

　　　A——试件劈裂面面积(mm^2)。

(2) 劈裂抗拉强度测定值的计算及异常数据的取舍原则，与混凝土抗压强度测定值的取舍原则相同。

(3) 采用本试验法测得的劈裂抗拉强度值，如需换算为轴心抗拉强度，应乘以换算系数 0.9；采用 100 mm × 100 mm × 100 mm 非标准试件时，取得的劈裂抗拉强度值应乘以换算系数 0.85。

七、填写试验报告单

混凝土劈裂抗拉强度试验报告单如表 4.14 所示。

表 4.14　混凝土劈裂抗拉强度试验报告单

(1) 立方体试件劈裂抗拉试验结果									
试件编号	试件序号	试验日期	龄期/d	试件劈裂面面积 A/mm^2	试件破坏荷载 F/N	劈裂抗拉强度 f_{ct}/MPa		换算系数 K	劈裂抗拉强度确定值 F_{fs}/MPa
						单块值	平均值		

(2) 圆柱体试件劈裂抗拉试验结果										
试件编号	试件序号	试验日期	龄期/d	试件直径 d/mm	试件高度 H/mm	试件劈裂面面积 A/mm^2	试件破坏荷载 F/N	劈裂抗拉强度 f_{ct}/MPa		换算系数 K
								单值	均值	劈裂抗拉强度确定值 f_{fs}/MPa

检测评定依据：	试验结论：

试验		复核		批准		单位(章)	

项　目　拓　展

1. 砂、石的检测

砂、石的检测见《普通混凝土拌和物性能试验方法标准》。

2. 水的检测

(1) 符合现行国家标准《生活饮用水卫生标准》要求的饮用水，可不经检验作为混凝土用水。

(2) 符合表 4.15 要求的水，可作为混凝土用水。

(3) 当水泥凝结时间和水泥胶砂强度的检验不满足要求时，应重新加倍抽样复检一次。

3. 混凝土强度检测

混凝土试件的立方体抗压强度试验应根据现行国家标准《普通混凝土力学性能试验方法标准》(GB/T 50081)的规定执行。每组混凝土试件强度代表值的确定，应符合表 4.15 所示规定。

表 4.15　混凝土用水要求

项　目	预应力混凝土	钢筋混凝土	素混凝土
pH 值	≥5.0	≥4.5	≥4.5
不溶物 / (mg · L^{-1})	≤2000	≤2000	≤5000
可溶物 / (mg · L^{-1})	≤2000	≤5000	≤10 000
Cl$^-$ / (mg · L^{-1})	≤500	≤1000	≤3500
SO$_4^{2-}$ / (mg · L^{-1})	≤600	≤2000	≤2700
碱含量 / (rag · L^{-1})	≤1500	≤1500	≤1500

1) 代表值取值

(1) 取三个试件强度的算术平均值作为每组试件的强度代表值；

(2) 当一组试件中强度的最大值或最小值与中间值之差超过中间值的 15%时，取中间值作为该组试件的强度代表值；

(3) 当一组试件中强度的最大值和最小值与中间值之差均超过中间值的 15%时，该组试件的强度不应作为评定的依据。

2) 混凝土强度的检验评定

(1) 统计方法评定。用统计方法评定时，应按下列规定进行：

① 当连续生产的混凝土，生产条件在较长时间内保持一致，且同一品种、同一强度等级混凝土的强度变异性保持稳定时，一个检验批的样本容量应为连续的三组试件，其强度应同时符合下列规定：

$$m_{f_{cu}}^2 \geq f_{cu,k} + 0.7\sigma_0 \tag{4-7}$$

$$f_{cu,min} \geq f_{cu,k} - 0.7\sigma_0 \tag{4-8}$$

检验批混凝土立方体抗压强度的标准差应按下式计算：

$$\sigma_0 = \sqrt{\dfrac{\sum\limits_{i=1}^{n} f_{\mathrm{cu},i}^2 - m m_{f_{\mathrm{cu}}}^2}{n-1}} \tag{4-9}$$

当混凝土强度等级不高于 C20 时，其强度的最小值尚应满足公式(4-10)要求：

$$f_{\mathrm{cu,min}} \geqslant 0.85 f_{\mathrm{cu,k}} \tag{4-10}$$

当混凝土强度等级高于 C20 时，其强度的最小值尚应满足公式(4-11)要求：

$$f_{\mathrm{cu,min}} \geqslant 0.90 f_{\mathrm{cu,k}} \tag{4-11}$$

式中：f_{cu}——同一检验批混凝土立方体抗压强度的平均值(N/mm²)，精确到 0.1 (N/mm²)；

$\quad\quad f_{\mathrm{cu,k}}$——混凝土立方体抗压强度标准值(N/mm²)，精确到 0.1 (N/mm²)；

$\quad\quad \sigma_0$—— 检验批混凝土立方体抗压强度的标准差(N/mm²)，精确到0.01(N/mm²)；当检验批混凝土强度标准差 σ_0 计算值小于 2.5 N/mm² 时，应取 2.5 N/mm²；

$\quad\quad f_{\mathrm{cu},i}$——前一个检验期内同一品种、同一强度等级的第 i 组混凝土试件的立方体抗压强度代表值(N/mm²)，精确到 0.1(N/mm²)；该检验期不应少于 60 d，也不得大于 90 d；

$\quad\quad n$ ——前一检验期内的样本容量，在该期间内样本容量不应少于 45；

$\quad\quad f_{\mathrm{cu,min}}$——同一检验批混凝土立方体抗压强度的最小值(N/mm²)，精确到 0.1 (N/mm²)。

② 当样本容量不少于 10 组时，其强度应同时满足下列要求：

$$m_{f_{\mathrm{cu}}} \geqslant f_{\mathrm{cu,k}} + \lambda_1 \cdot S_{f_{\mathrm{cu}}} \tag{4-12}$$

$$f_{\mathrm{cu,min}} \geqslant \lambda_2 \cdot f_{\mathrm{cu,k}} \tag{4-13}$$

同一检验批混凝土立方体抗压强度的标准差应按公式(4-14)计算：

$$S_{f_{\mathrm{cu}}} = \sqrt{\dfrac{\sum\limits_{i=1}^{n} f_{\mathrm{cu},i}^2 - m m_{f_{\mathrm{cu}}}^2}{n-1}} \tag{4-14}$$

式中：$S_{f_{\mathrm{cu}}}$——同一检验批混凝土立方体抗压强度的标准差(N/mm²)，精确到0.01 (N/mm²)；当检验批混凝土强度标准差 $S_{f_{\mathrm{cu}}}$ 计算值小于 2.5 N/mm² 时，应取 2.5 N/mm²；

$\quad\quad \lambda_1$、λ_2——合格评定系数，按表 4.16 取用；

$\quad\quad n$——本检验期内的样本容量。

表 4.16　混凝土强度的合格评定系数

试件组数	10～14	15～19	≥20
λ_1	1.15	1.05	0.95
λ_2	0.90	0.85	

（2）非统计方法评定。

① 当用于评定的样本容量小于 10 组时，应采用非统计方法评定混凝土强度。

② 按非统计方法评定混凝土强度时，其强度应同时符合下列规定：

$$m_{f_{cu}} \geqslant \lambda_3 \cdot f_{cu,k} \tag{4-15}$$

$$f_{cu,min} \geqslant \lambda_4 \cdot f_{cu,k} \tag{4-16}$$

式中，λ_3，λ_4 为合格评定系数，应按表 4.17 取用。

表 4.17　混凝土强度的非统计法合格评定系数

混凝土强度等级	<C60	≥C60
λ_3	1.15	1.10
λ_4	0.95	

3）混凝土强度的合格性评定

（1）当检验结果满足上述规定时，则该批混凝土强度应评定为合格；当不能满足上述规定时，该批混凝土强度应评定为不合格。

（2）对评定为不合格批的混凝土，可按国家现行的有关标准进行处理。

4. 混凝土配合比设计

1）混凝土强度的确定

（1）当混凝土的设计强度等级小于 C60 时，配制强度应按下式计算：

$$f_{cu,0} \geqslant f_{cu,k} + 1.645\sigma \tag{4-17}$$

式中：$f_{cu,0}$——混凝土配制强度(MPa)；

　　　$f_{cu,k}$——混凝土立方体抗压强度标准值，这里取设计混凝土强度等级值(MPa)；

　　　σ——混凝土强度标准差(MPa)。

（2）当设计强度等级大于或等于 C60 时，配制强度应按下式计算：

$$f_{cu,0} \geqslant 1.15 f_{cu,k} \tag{4-18}$$

2）混凝土强度标准差的确定

（1）当具有近 1～3 个月的同一品种、同一强度等级混凝土的强度资料时，其混凝土强度标准差 σ 应按下式计算：

$$\sigma = \sqrt{\frac{\sum_{i=1}^{n} f_{cu,i}^2 - m_{f_{cu}}^2}{n-1}} \tag{4-19}$$

式中：σ——混凝土强度标准差；

$f_{cu,i}$——第 i 组的试件强度(MPa);

$m_{f_{cu}}$——n 组试件的强度平均值(MPa);

n——试件组数,n 值应大于或者等于 30。

对于强度等级不大于 C30 的混凝土:当 σ 计算值不小于 3.0 MPa 时,应按式(4-19)计算结果取值;当 σ 计算值小于 3.0 MPa 时,σ 应取 3.0 MPa。对于强度等级大于 C30 且小于 C60 的混凝土:当 σ 计算值不小于 4.0 MPa 时,应按式(4-19)计算结果取值;当 σ 计算值小于 4.0 MPa 时,σ 应取 4.0 MPa。

(2) 当没有近期同一品种、同一强度等级混凝土强度资料时,其强度标准差 σ 可按表 4.18 取值。

表 4.18　标准差 σ 值(MPa)

混凝土强度标准值	≤C20	C25~C45	C50~C55
σ	4.0	5.0	6.0

3) 确定水胶比

(1) 水胶比。水胶比是指混凝土中用水量与胶凝材料用量的质量比。

混凝土强度等级不大于 C60 时,混凝土水胶比宜按下式计算:

$$W/B = \frac{\alpha_a f_b}{f_{cu,0} + \alpha_a \alpha_b f_b} \tag{4-20}$$

式中:W/B——混凝土水胶比;

α_a、α_b——回归系数;

f_b——胶凝材料(水泥与矿物掺和料按使用比例混合)28 d 胶砂强度(MPa),当无实测值时,可按本规定(3)确定。

(2) 回归系数的确定。

① 回归系数根据工程所使用的原材料,通过试验建立的水胶比与混凝土强度关系式来确定;

② 当不具备上述试验统计资料时,可按表 4.19 采用。

表 4.19　回归系数 α_a、α_b 选用表

系数　　　粗骨料品种	碎石	卵石
α_a	0.53	0.49
α_b	0.20	0.13

(3) 胶凝材料 28 d 胶砂抗压强度。

当胶凝材料 28 d 胶砂抗压强度值(f_b)无实测值时,可按下式计算:

$$f_b = \gamma_f \gamma_s f_{ce} \tag{4-21}$$

式中:γ_f、γ_s——粉煤灰影响系数和粒化高炉矿渣粉影响系数,如表 4.20 所示;

f_{ce}——水泥 28 d 胶砂抗压强度(MPa),可实测,也可按式(4-22)计算。

表4.20 粉煤灰影响系数(γ_f)和粒化高炉矿渣粉影响系数(γ_s)

掺量/(%) \\ 种类	粉煤灰影响系数 γ_f	粒化高炉矿渣粉影响系数 γ_s
0	1.00	1.00
10	0.90~0.95	1.00
20	0.80~0.85	0.95~1.00
30	0.70~0.75	0.90~1.00
40	0.60~0.65	0.80~0.90
50	—	0.70~0.85

(4) 水泥胶砂 28 d 胶砂抗压强度。

水泥胶砂 28 d 抗压强度，无实测值时，可以按下式计算：

$$f_{ce} = \gamma_c f_{ce,g} \tag{4-22}$$

式中：γ_c——水泥强度等级值的富余系数，可按实际统计资料确定；当缺乏实际统计资料时，也可按表 4.21 选用；

$f_{ce,g}$——水泥强度等级(MPa)。

表4.21 水泥强度等级值的富余系数(γ_c)

水泥强度等级值	32.5	42.5	52.5
富余系数	1.12	1.16	1.10

4) 确定用水量和外加剂用量

每立方米干硬性或塑性混凝土的用水量(m_{wo})应符合下列规定：

(1) 混凝土水胶比在 0.40~0.80 范围内时，可按表 4.22 和表 4.23 选取。

表4.22 干硬性混凝土的用水量(kg/m³)

拌和物稠度		卵石最大公称粒径/mm			碎石最大粒径/mm		
项目	指标	10.0	20.0	40.0	16.0	20.0	40.0
维勃稠度 /s	16~20	175	160	145	180	170	155
	11~15	180	165	150	185	175	160
	5~10	185	170	155	190	180	165

表4.23 塑性混凝土的用水量(kg/m³)

拌和物稠度		卵石最大粒径/mm				碎石最大粒径/mm			
项目	指标	10.0	20.0	31.5	40.0	16.0	20.0	31.5	40.0
坍落度 /mm	10~30	190	170	160	150	200	185	175	165
	35~50	200	180	170	160	210	195	185	175
	55~70	210	190	180	170	220	105	195	185
	75~90	215	195	185	175	230	215	205	195

注：本表用水量是采用中砂时的取值。采用细砂时，每立方米混凝土用水量可增加 5~10 kg；采用粗砂时，可减少 5~10 kg。掺用矿物掺和料和外加剂时，用水量应相应调整。

(2) 混凝土水胶比小于 0.40 时，可通过试验确定。

(3) 掺外加剂时，每立方米流动性或大流动性混凝土的用水量(m_{wo})可按下式计算：

$$m_{wo} = m_{wo'}(1 - \beta)$$ (4-23)

式中：m_{wo}——满足实际坍落度要求的每立方米混凝土用水量(kg/m^3)；

　　　$m_{wo'}$——未掺外加剂时推定的满足实际塌落度要求的每立方米混凝土用水量(kg/m^3)，以表 4.23 中 90 mm 坍落度的用水量为基础，按每增大 20 mm 坍落度相应增加 5 kg/m^3 用水量来计算，当坍落度增大到 180 mm 以上时，随坍落度相应增加的用水量可减少；

　　　β——外加剂的减水率(%)，应经混凝土试验确定。

(4) 每立方米混凝土中外加剂用量(m_{ao})应按下式计算：

$$m_{ao} = m_{bo}\beta_a$$ (4-24)

式中：m_{ao}——每立方米混凝土中外加剂用量(kg/m^3)；

　　　m_{bo}——计算配合比每立方米混凝土中胶凝材料用量(kg/m^3)；

　　　β_a——外加剂掺量(%)，应经混凝土试验确定。

5) 确定胶凝材料、矿物掺和料用量

(1) 每立方米混凝土的胶凝材料用量(m_{bo})应按公式(4-25)计算：

$$m_{bo} = \frac{m_{wo}}{W/B}$$ (4-25)

式中：m_{bo}——计算配合比每立方米混凝土中胶凝材料用量(kg/m^3)；

　　　m_{wo}——计算配合比每立方米混凝土的用水量(kg/m^3)；

　　　W/B——混凝土水胶比。

(2) 每立方米混凝土的矿物掺和料用量(m_{fo})应按下式计算：

$$m_{fo} = m_{bo}\beta_f$$ (4-26)

式中：m_{fo}——计算配合比每立方米混凝土中矿物掺合料用量(kg/m^3)；

　　　β_f——矿物掺和料掺量(%)。

(3) 每立方米混凝土的水泥用量(m_{co})应按下式计算：

$$m_{co} = m_{bo} - m_{fo}$$ (4-27)

式中：m_{co}——计算配合比每立方米混凝土中水泥用量(kg/m^3)。

6) 砂率

(1) 砂率(β_s)应根据骨料的技术指标、混凝土拌和物性能和施工要求，参考既有历史资料确定。

(2) 当缺乏砂率的历史资料时，混凝土砂率的确定应符合下列规定：

① 坍落度小于 10 mm 的混凝土，其砂率应经试验确定。

② 坍落度为 10～60 mm 的混凝土砂率，可根据粗骨料品种、最大公称粒径及水灰比按表 4.24 选取。

表 4.24　混凝土的砂率(%)

水胶比/(W/B)	卵石最大公称粒径/mm			碎石最大粒径/mm		
	10.0	20.0	40.0	16.0	20.0	40.0
0.40	26～32	25～31	24～30	30～35	29～34	27～32
0.50	30～35	29～34	28～33	33～38	32～37	30～35
0.60	33～38	32～37	31～36	36～41	35～40	33～38
0.70	36～41	35～40	34～39	39～44	38～43	36～41

注：本表数值是中砂的选用砂率，对细砂或粗砂，可相应地减少或增大砂率；采用人工砂配制混凝土时，砂率可适当增大；只用一个单粒级粗骨料配制混凝土时，砂率应适当增大。

③ 坍落度大于 60 mm 的混凝土砂率，可经试验确定，也可在表 4.24 的基础上，按坍落度每增大 20 mm、砂率增大 1%的幅度予以调整。

7) 粗、细骨料用量

(1) 采用质量法计算粗、细骨料用量时，应按下式计算：

$$m_{fo} + m_{co} + m_{go} + m_{so} + m_{wo} = m_{cp} \tag{4-28}$$

$$\beta_s = \frac{m_{so}}{m_{go} + m_{so}} \times 100\%$$

式中：m_{go}——每立方米混凝土的粗骨料用量(kg/m³)；

m_{so}——每立方米混凝土的细骨料用量(kg/m³)；

m_{wo}——每立方米混凝土的用水量(kg/m³)；

β_s——砂率(%)；

m_{cp}——每立方米混凝土拌和物的假定质量(kg/m³)，可取 2350～2450 kg/m³。

(2) 当采用体积法计算凝土配合比时，粗、细骨料用量按下式计算：

$$\frac{m_{co}}{\rho_c} + \frac{m_{fo}}{\rho_f} + \frac{m_{go}}{\rho_g} + \frac{m_{so}}{\rho_s} + \frac{m_{wo}}{\rho_w} + 0.01\alpha = 1 \tag{4-29}$$

式中：ρ_c——水泥密度(kg/m³)，应按《水泥密度测定方法》GB/T 208 测定，也可取 2 900 kg/m³～3 100 kg/m³；

ρ_f——矿物掺和料密度(kg/m³)，可按《水泥密度测定方法》GB/T 208 测定；

ρ_g——粗骨料的表观密度(kg/m3)，应按现行行业标准《普通混凝土用砂、石质量及检验方法标准》JGJ52 测定；

ρ_s——细骨料的表观密度(kg/m³)，应按现行行业标准《普通混凝土用砂、石质量及检验方法标准》JGJ52 测定；

ρ_w——水的密度(kg/m^3)，可取 1000 kg/m^3；

α——混凝土的含气量百分数，在不使用引气型外加剂时，α 可取为 1。

8) 混凝土配合比的试配、调整与确定

(1) 试配。

① 混凝土试配应采用强制式搅拌机，搅拌机应符合现行行业标准《混凝土试验用搅拌机》(JG—244)的规定，搅拌方法宜与施工采用的方法相同。

② 每盘混凝土试配的最小搅拌量应符合表 4.25 的规定，并不应小于搅拌机公称容量的 1/4 且不应大于搅拌机公称容量。

表 4.25　混凝土试配的最小搅拌量

粗骨料最大公称直径/mm	拌和物数量/L
≤31.5	20
40	25

③ 在计算配合比的基础上进行试拌。计算水胶比宜保持不变，并应通过调整配合其他参数使混凝土拌和物性能符合设计和施工要求，然后修正计算配合比，提出混凝土校核用的基准配合比。

④ 应在试拌配合比的基础上，进行混凝土强度试验，并应符合下列规定：应至少采用三个不同的配合比。当采用三个不同的配合比时，其中一个应为前面确定的试拌配合比，另外两个配合比的水胶比宜较试拌配合比分别增加和减少 0.05，用水量应与试拌配合比相同，砂率可分别增加和减少 1%；进行混凝土强度试验时，应继续保持拌和物性能符合设计和施工要求。

⑤ 进行混凝土强度试验时，每个配合比至少应制作一组试件，标准养护到 28 d 或设计规定龄期时试压。

(2) 配合比调整应符合下述规定：

① 根据本规程 1)条混凝土强度试验结果，宜绘制强度和胶水比的线性关系图或插值法确定略大于配制强度对应的胶水比。

② 在试拌配合比的基础上，用水量(m_w)和外加剂用量(m_a)应根据确定的水胶比作调整。

③ 胶凝材料用量(m_b)应以用水量乘以确定的胶水比计算得出。

④ 粗骨料和细骨料用量$(m_g$ 和 $m_s)$应在用水量和胶凝材料用量之间进行调整。

(3) 混凝土拌和物表观密度和配合比校正系数的计算应符合下列规定：

① 配合比调整后的混凝土拌和物的表观密度应按下式计算：

$$\rho_{c,c} = m_c + m_f + m_g + m_s + m_w \tag{4-30}$$

式中：$\rho_{c,c}$——混凝土拌和物的表观密度计算值(kg/m^3)；

　　　m_c——每立方米混凝土的水泥用量(kg/m^3)；

　　　m_f——每立方米混凝土的矿物掺和料用量(kg/m^3)；

　　　m_g——每立方米混凝土的粗骨料用量(kg/m^3)；

　　　m_s——每立方米混凝土的细骨料用量(kg/m^3)；

m_w——每立方米混凝土的用水量(kg/m^3)。

② 混凝土配合比校正系数应按下式计算：

$$\delta = \frac{\rho_{c,t}}{\rho_{c,c}} \tag{4-31}$$

式中：δ——混凝土配合比校正系数；

$\rho_{c,t}$——混凝土拌和物表观密度实测值(kg/m^3)；

$\rho_{c,c}$——混凝土拌和物表观密度计算值(kg/m^3)。

(4) 当混凝土拌和物表观密度实测值与计算值之差的绝对值不超过计算值的 2%时，配合比可维持不变；当二者之差超过 2%时，应将配合比中每项材料用量均乘以校正系数 δ。

9) 混凝土施工配合比的确定

若实验室提供的理论配合比为

$$m_{bo}:m_{so}:m_{go}=1:x:y，水胶比\ W/B=z$$

现场砂的含水率为 w_s，石子的含水率为 w_g，试确定施工配合比。

将实验室配合比换算成施工配合比时，用水量应扣除砂、石所含水量，砂、石用量则应增加砂、石所含水量。因此，施工配合比为

$$m_b':m_s':m_{gw}'' = m_{bo}:m_{so}(1+w_s):m_{go}(1+w_g) \tag{4-32}$$

$$m_w' = (m_{wo}-m_{so}w_s-m_{go}w_g) \tag{4-33}$$

【例】 重庆科创职业学院新建理工楼为框架结构，混凝土不受风雪等作用，为室内正常环境，使用年限 50 年，框架柱的设计混凝土强度等级为 C35。原材料：PO42.5 水泥；碎石最大粒径 31.5 mm；S105 级粒化高炉矿渣微粉、掺量为 20%；无外加剂。施工要求坍落度为 75～90 mm，试设计该混凝土的初步配合比。

解：① 计算配制强度($f_{cu,0}$)。

$$f_{cu,0} \geqslant f_{cu,k}+1.645\sigma = 35+1.645\times5 = 43.2\ MPa$$

② 确定水胶比(W/B)。

$$f_{ce} = \gamma_c \cdot f_{ce,g} = 1.16\times42.5 = 49.3\ MPa$$

$$f_b = \gamma_f \cdot \gamma_s \cdot f_{ce} = 1.0\times49.3 = 49.3\ MPa$$

$$W/B = \frac{\alpha_a f_b}{f_{cu,0}+\alpha_a\alpha_b f_b} = \frac{0.53\times49.3}{43.2+0.53\times0.20\times49.3} = 0.539$$

③ 确定用水量(m_{wo})。

查表 4.23 可得，$m_{wo} = 205\ kg/m^3$。

④ 确定胶凝材料(m_{bo})、矿物掺和料(m_{fo})、水泥(m_{co})每立方米用量。

$$m_{bo} = \frac{m_{wo}}{W/B} = \frac{205}{0.539} = 380.3 \text{kg}$$

$$m_{fo} = m_{bo}\beta_f = 380.3 \times 0.2 = 76.1 \text{kg}$$

$$m_{co} = m_{bo} - m_{fo} = 380.3 - 76.1 = 304.2 \text{kg}$$

⑤ 砂率选择(β_s)。

根据表 4.24，选择砂率为 $\beta_s = 35\%$。

⑥ 粗、细骨料用量。

$$m_{fo} + m_{co} + m_{go} + m_{so} + m_{wo} = m_{cp}$$

$$\beta_s = \frac{m_{so}}{m_{go} + m_{so}} \times 100\%$$

m_{cp} 取 2400 kg/m³，

$$76.1 + 304.2 + m_{go} + m_{so} + 205 = 2400 \tag{4-34}$$

$$35\% = \frac{m_{so}}{m_{go} + m_{so}} \times 100\% \tag{4-35}$$

式(4-34)和式(4-35)联立求解得

$$m_{go} = 1179.6 \text{ kg}, \quad m_{so} = 635.1 \text{ kg}$$

由此可得，初步配合比如下：

$$m_{bo} : m_{so} : m_{go} = 380.3 : 635.1 : 1179.6 = 1 : 1.67 : 3.10, \quad W/B = 0.539$$

项 目 小 结

作为主要建筑材料之一，混凝土已经成为建筑结构的主要应用材料。混凝土结构具有可模型好、耐火性高、耐久性好的特点。

混凝土的组成材料主要有胶凝材料、水以及集料。

混凝土拌和物应满足施工技术要求，主要指标为和易性。硬化混凝土应考虑混凝土的变形性能。

混凝土在施工前要进行配合比试验，作为建筑结构主要材料之一，混凝土的强度检验是一个重要指标。

思 考 与 练 习

一、填空题

1. 混凝土的和易性是指_____，包括_____、_____和_____。

2. 混凝土外加剂类型主要有_____、_____、_____和_____四种类型。

3. 混凝土碱骨料反应必须具备_____、_____和_____三个条件。

二、单选题

1. 混凝土抗渗等级分为(　　)个等级,其中大于(　　)为抗渗混凝土。

A. 五,P5　　　　　　B. 五,P6　　　　　　C. 六,P5　　　　　　D. 六,P6

2. 混凝土浇筑完毕后,应按施工技术方案及时采取有效的养护措施,应在浇筑完毕后的(　　)h 以内对混凝土加以覆盖并保湿养护;当日平均气温低于(　　)℃时,不得浇水。

A. 12,10　　　　　　B. 12,5　　　　　　C. 24,5　　　　　　D. 24,10

三、问答题

1. 影响混凝土拌和物和易性的主要因素有哪些?

2. 影响混凝土强度的主要因素有哪些?

3. 混凝土减水剂的主要作用是什么?

四、计算题

某建筑结构为框架结构,混凝土不受风雪等作用,为室内正常环境,使用年限 50 年,框架柱的设计混凝土强度等级为 C30。原材料:PO42.5 水泥;碎石最大粒径 31.5 mm;S105 级粒化高炉矿渣微粉、掺量为 20%;无外加剂。施工要求坍落度 75~90 mm,试设计该混凝土的初步配合比。

实训项目五　块体材料性能与检测

项目分析

天然或人工块体材料性质的检测为工程材料的选用提供依据。

本项目需要完成以下任务：

(1) 烧结普通砖外观质量检测。

(2) 烧结普通砖抗压强度试验。

(3) 烧结普通砖抗折强度试验。

(4) 加气混凝土块试验。

知识目标

(1) 了解块体材料的分类。

(2) 了解块体材料的检测要求。

(3) 了解块体材料的性能要求。

能力目标

(1) 掌握各种砌墙砖的质量等级、技术性能及应用范围。

(2) 熟悉常用墙体材料的质量检验方法。

(3) 了解墙体与屋面材料的发展趋势，以便能合理选用及开发新型材料。

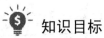

任务一　烧结普通砖外观质量检测

任务目标

(1) 了解烧结普通砖外观要求的相关概念。

(2) 掌握烧结普通砖外观的检测方法。

(3) 能够正确使用仪器与设备。

知识链接

一、烧结砖相关概述

烧结砖是以黏土、页岩、煤矸石、粉煤灰等为主要原料，经成型、干燥及熔烧而成。烧结砖可按孔洞率的大小，分为整结普通砖、烧结多孔砖、烧结空心砖3种。

根据《烧结普通砖》规定，烧结普通砖是以黏土、页岩(黏土岩的构造变种)、煤矸石(采煤和洗煤过程中排放的以 Al_2O_3、SiO_2 为主要成分的黑色岩石)或粉煤灰为主要原材料，经制坯和焙烧而成的普通砖。

二、烧结普通砖的品种

按使用的原料不同，烧结普通砖可分为烧结普通黏土砖(N)、烧结粉煤灰砖(F)、烧结煤矸石砖(M)、烧结页岩砖(Y)等。它们的原料来源及生产工艺略有不同，但各产品的性能基本相同。

按砖坯在窑内焙烧气氛及黏土中铁的氧化物的变化情况，又可将其分为红砖和青砖。红砖是在隧道窑或轮窑内的氧化气氛中焙烧的，因而铁的氧化物是 Fe_2O_3，砖呈淡红色；青砖是在还原气氛中焙烧的，铁的氧化物是 Fe_3O_4 或 FeO，砖呈清灰色。青砖的耐久性略高于红砖，其他性能及应用相近，但其燃料消耗多，故很少生产。

焙烧是生产工艺的关键阶段。焙烧温度不宜过高或过低，一般控制在950～1000℃，当焙烧的温度低于烧结温度的下限时，会产生欠火砖。欠火砖的特坯体孔隙率大、强度低、耐久性差、颜色浅、敲之声哑；反之，则会产生过火砖，其特点是孔隙率小、密实度大、强度与耐久性较高、颜色深、敲之声脆，但导热系数大，多有变形，两者均属于不合格产品。

三、烧结普通砖外观概述

烧结普通砖的公称尺寸为 240 mm × 115 mm × 53 mm。若加上砌筑灰缝厚约 10 mm，则4块砖长、8块砖宽或16块砖厚约1m，因此，每 1 m³ 砖砌体需砖 4×8×16 = 512 块。砖的尺寸允许有一定偏差。

砖的外观质量包括两条面高度差、弯曲程度、缺棱掉角、裂缝等。产品中不允许有欠火砖、酥砖和螺旋纹砖。泛霜及石灰爆裂程度也应符合国家标准规定。泛霜为砖的原料中含有可溶性盐类，在砖使用过程中，随水分蒸发在砖表面产生盐析，常为白色粉末，严重者会导致粉化剥落。石灰爆裂为砖内存在生石灰时，待砖砌筑后，生石灰吸水消解体积膨胀，从而使砖开裂。

四、烧结普通砖外观检测方法

烧结普通砖外观检测包括条面高度差、裂纹长度、弯曲、缺棱掉角、颜色等七项内容。各项内容均应符合国家标准规定。

技能训练

一、试验目的

通过检测砌砖墙的外观质量，可评定砌墙砖的质量等级。

二、试验器材

砖用卡尺，其分度值为 0.5 mm，如图 5-1 所示。钢直尺，分度值为 1 mm。

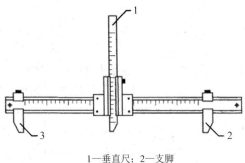

1—垂直尺；2—支脚

图 5-1　砖用卡尺

三、试样制备

1. 取样方法

检验批的构成原则和批量大小按《砌墙砖检验规则》规定，每 3.5～15 万块为一验收批，不足 3.5 万块也按一批计。外观质量检验的砖样采用随机抽样法在每一检验批的产品堆垛中抽取；尺寸偏差检验的样品用随机抽样法从外观质量检验后的样品中抽取。抽样数量见表 5.1。

表 5.1　单项检验抽取砖样数量

检验项目	外观质量	尺寸偏差	强度等级	泛霜	石灰爆裂	冻融	吸水率和饱和系数
抽样数量/块	50	20	10	5	5	5	5

2. 试样制备

检验样品数为 20 块，按照《砌墙砖试验方法》规定的试验方法进行。其中每一尺寸测量不足 0.5 mm 按 0.5 mm 计，每一方向尺寸以两个测量值的算术平均值表示。

四、试验方法及步骤

1. 测量方法

长度应在砖的两个大面的中间处分别测量两个尺寸；宽度应在砖的两个大面的中间处

分别测量两个尺寸；高度应在砖的两个条面的中间处分别测量两个尺寸。当被测处有缺损或凸出时，可在其旁边测量，但应选择不利的一侧。如图 5-2 所示，精确至 0.5 mm。

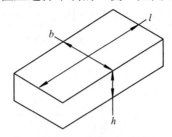

l—长度；b—宽度；h—高度

图 5-2　尺寸量法

2. 测量步骤

(1) 缺损。缺棱掉角在砖上造成的破损程度，以破损部分对长、宽、高三个边的投影尺寸来度量，称为破坏尺寸。空心砖内壁残缺及肋残缺尺寸，以长度方向的投影尺寸来度量。

(2) 裂纹。裂纹分为长度方向、宽度方向和高度方向三种，以被测方向上的投影长度表示。如图 5-3 所示。如果裂纹从一个面延伸至其他面上，则累计其延伸的投影长度。

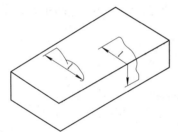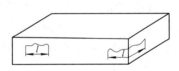

(a) 宽度方向裂纹长度量法　　(b) 长度方向裂纹长度量法　　(c) 水平方向裂纹长度量法

图 5-3　裂纹长度量法

多孔砖的孔洞与裂纹相通时，则将孔洞包括在裂纹内一并测量。裂纹长度以在三个方向上分别测得的最长裂纹作为测量结果，如图 5-4 所示。

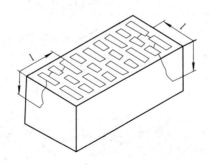

l—裂纹总长度

图 5-4　多孔砖裂纹通过孔洞时的长度量法

(3) 弯曲。测量时分别在大面和条面上测量，方法是将砖用卡尺的两支脚沿棱边两端放置，择其弯曲最大处将垂直尺推至砖面。但不应将因杂质或碰撞造成的凹陷计算在内，以弯曲测量中测得的较大者作为测量结果。

(4) 砖杂质凸出高度量法。杂质在砖面上造成的凸出高度，以杂质距砖面的最大距离表示，测量时将砖用卡尺的两支脚置于杂质凸出部分两侧的砖平面上，如图 5-5 所示，以垂直尺测量。

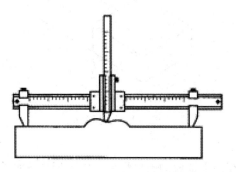

图 5-5　杂质凸出高度量法

五、试验结果评定

按《砌墙砖检验规则》进行外观质量抽样与判定，抽取的 50 块砖样，检验出不合格品数量 d_1，按下列规定判定：

(1) 当 $d_1 \leq 7$ 时，外观质量合格。

(2) 当 $d_1 \geq 11$ 时，外观质量不合格。

(3) 当 $7 < d_1 < 11$ 时，需复检。再次从该批产品中抽样 50 块砖样检验，检查出不合格品数量为 d_2，按下列规定：判定当 $d_1 + d_2 \leq 18$ 时，外观质量合格；当 $d_1 + d_2 \geq 19$ 时，外观质量不合格。

六、填写试验报告单

烧结砖的外观质量检验数据记录表如表 5.2 所示。

表 5.2　烧结砖的外观质量检验数据记录表

砖样数量/块	首次不合格数量 d_1/块	外观质量是否合格	是否需要复验	复验不合格品数量 d_2/块	外观质量是否合格

任务二　烧结普通砖抗压强度试验

任务目标

掌握烧结普通砖抗压强度试验的正确操作方法与试验报告单的填写。

　　根据《烧结普通砖》，烧结普通砖按抗压强度分为 MU30、MU25、MU20、MU15、MU10 五个强度等级。各强度等级的强度值应符合表 5.3 的要求。

表 5.3　烧结普通砖的强度等级

砖等级强度	砂浆强度等级					砂浆强度
	M15	M10	M7.5	M5	M2.5	0
MU30	3.94	3.27	2.93	2.59	2.26	1.15
MU25	3.60	2.98	2.68	2.37	2.06	1.05
MU20	3.22	2.67	2.39	2.12	1.84	0.94
MU15	2.97	2.31	2.07	1.83	1.60	0.82
MU10	—	1.89	1.69	1.50	1.30	0.67

一、试验目的

　　确定烧结普通砖的强度等级，熟悉烧结普通砖抗压的有关性能和技术要求。

二、试验器材

　　(1) 材料试验机：示值相对误差不超过 ±1%，其上、下压板至少应有一个球铰座，预期最大破坏荷载应在量程的 20%～80% 之间。

　　(2) 钢直尺：分度值不应大于 1 mm。

　　(3) 振动台、制样模具、搅拌机：应符合《砌墙砖抗压强度试样制备设备通用要求》的要求。

　　(4) 切割设备。

　　(5) 抗压强度试验用净浆材料：应符合《砌墙砖抗压强度试验用净浆材料》的要求。

三、试样制备

　　(1) 取 10 块烧结普通砖试样，将砖样锯成两个半截砖，半截砖长不得小于 100 mm。在试样平台上，将制好的半截砖放在室温下的净水中浸 10～20 min 后取出，以断口方向相反叠放，两者之间抹以不超过 5 mm 厚的水泥净浆，上、下两面用不超过 3 mm 的同种水泥净浆抹平，上、下两面必须相互平行，并垂直于侧面，净浆层不超过 5 mm。

　　(2) 取 10 块多孔砖试样，沿单块整砖竖孔方向加压，空心砖沿单块整砖大面、条面方向(各 5 块)分别加压。采用坐浆法制作试件：将玻璃板置于试件制作平台上，其上铺一张湿的垫纸，纸上铺不超过 5 mm 厚的水泥净浆，试件在水中浸泡 10～20 min 后取出，平稳地坐放在水泥浆上。在一受压面上稍加用力，使整个水泥层与受压面相互黏结，砖的侧面应垂直于玻璃板，待水泥浆凝固后，连同玻璃板翻放在另一铺纸放浆的玻璃板上，再进行坐浆，用水平尺校正使玻璃板水平。

(3) 试件养护。

① 抹面试件置于不低于 10℃ 的不通风室内养护 3 d。

② 非烧结砖不需通风养护，直接进行试验。

四、试验方法及步骤

(1) 测量每个试样连接面或受压面的长、宽尺寸各两个，分别取其平均值，精确至 1 mm。

(2) 将试样平放在加压板的中央，垂直于受压面加荷，应均匀平稳，不得发生冲击或振动。加荷速度以 (2～6) kN/s 为宜，直至试样破坏为止，记录最大破坏荷载 P。

五、试验结果评定

(1) 单块砖抗压强度测定值。

$$f_c = \frac{P}{lb} \ (\text{MPa}) \tag{5-1}$$

式中：f_c——抗压强度，MPa；

$\quad\quad P$——最大破坏荷载；

$\quad\quad l$——受压面(连接面)的长度，mm；

$\quad\quad b$——受压面(连接面)的宽度，mm。

(2) 10 块砖样抗压强度平均值。

$$R_c = \frac{1}{10} \sum_{i=1}^{10} f_{ci} \tag{5-2}$$

(3) 砖抗压强度标准值。

$$f_{ci} = R_c - 2.1s \tag{5-3}$$

$$s = \sqrt{\frac{1}{10} \sum_{i=1}^{10} (f_{ci} - R_c)^2} \tag{5-4}$$

试验结果以试样抗压强度的算术平均值和单块最小值表示，精确至 0.1 MPa。

六、填写试验报告单

烧结砖的抗压强度检测数据记录表如表 5.4 所示。

表 5.4　烧结砖的抗压强度检测数据记录表

单块砖抗压强度测定值/MPa										抗压强度平均值/MPa	抗压强度标准值/MPa
1	2	3	4	5	6	7	8	9	10		

任务三　烧结普通砖抗折强度试验

任务目标

掌握烧结普通砖抗折强度试验的正确操作方法与试验报告单的填写。

知识链接

抗折强度是指材料单位面积承受弯矩时的极限折断应力，又称抗弯强度、断裂模量。

技能训练

一、试验目的

确定烧结普通砖的抗折强度等级，熟悉烧结普通砖抗折的有关性能和技术要求。

二、试验器材

(1) 材料试验机：示值相对误差 ±1.0%，预期最大破坏荷载应在量程的 20%～80% 之间。

(2) 抗折夹具：抗折夹具加荷形成的三点加荷，上支压辊和下支压辊的曲率半径为 15 mm，下支压辊应有一个为铰接固定。

(3) 钢直尺：分度值为 1 mm。

三、试样制备

试样数量：按产品标准的要求确定。

试样处理：非烧结砖应放在温度为 (20 ± 5)℃ 的水中浸泡 24 h 后取出，用湿布拭去其表面的水分进行抗折强度试验；粉煤灰和矿渣砖在养护结束后 24～36 h 内进行试验，烧结砖不需浸水及其他处理，直接进行试验。

四、试验方法及步骤

(1) 按尺寸测定的规定测量试样的宽度和高度尺寸各 2 个，分别取算数平均值，精确至 1 mm。

(2) 调整抗折夹具下支辊的跨距为砖规格长度减去 40 mm。但规格长度为 190 mm 的砖，其跨距为 160 mm。

(3) 将试样大面平放在支辊上，试样两端面与下支辊的距离应相同，当试样有裂缝或凹陷时，应使有裂缝或凹陷的大面朝下，以 50～150 N/s 的速度均匀加荷，直至试样断裂，记录最大破坏荷载 P。

五、试验结果评定

(1) 每块试样的抗折强度(R_c)按式(5-7)计算。

$$R_c = \frac{3PL}{2BH^2} \tag{5-5}$$

式中：R_c——抗折强度(MPa)；

　　　P——最大破坏荷载(N)；

　　　L——跨距(mm)；

　　　B——试样宽度(mm)；

　　　H——试样高度(mm)。

(2) 试样结果以试样抗折强度的算数平均值和单块最小值表示，精确至 0.01 MPa。

六、填写试验报告单

烧结砖的抗折强度检测数据记录表如表 5.5 所示。

表 5.5　烧结砖的抗折强度检测数据记录表

单块砖抗折强度测定值/MPa										抗折强度平均值/MPa	抗折强度标准值/MPa
1	2	3	4	5	6	7	8	9	10		

任务四　加气混凝土块试验

任务目标

掌握混凝土空心砌块试验的正确操作方法与试验报告单的填写。

知识链接

一、混凝土空心砌块概述

蒸压加气混凝土砌块(代号 ACB)是以钙质材料和硅制材料以及加气剂、少量调节剂，经配料、搅拌、浇注成型、切割和蒸压养护而成的多孔轻质块体材料。原料中的钙质材料和硅质材料可分别采用石灰、水泥、矿渣、粉煤灰、砂等。

根据《蒸压加气混凝土砌块标准》(GB/T11968—2006)规定，加气混凝土砌块的主要技术指标如下：

1. 规格尺寸

砌块长度为 600 mm；宽度为 100 mm、120 mm、125 mm、150 mm、180 mm、200 mm、250 mm、300 mm；高度为 200 mm、240 mm、250 mm、300 mm。砌块的尺寸偏差和外观应符合表 5.6 的规定。

表 5.6 尺寸偏差和外观

项 目			指 标	
			优等品(A)	合格品(B)
尺寸允许偏差 /mm	长	L	±3	±4
	宽	B	±1	±2
	高	H	±1	±2
缺棱掉角	最小尺寸不得大于/mm		0	30
	最大尺寸不得大于/mm		0	70
	大于以上尺寸的缺棱掉角个数，不得多于/个		0	2
裂纹长度	贯穿一棱二面的裂纹长度不得大于裂纹所在面的裂纹方向的尺寸总和的		0	1/3
	任一面上的裂纹长度不得大于裂纹方向尺寸		0	1/2
	大于以上尺寸的裂纹条数，不多于/条		0	2
爆裂、粘模和损坏深度不得大于/mm			10	30
平面弯曲			不允许	
表面疏松、层裂			不允许	

2. 强度等级与密度等级

加气混凝土砌块按抗压强度分为 A1.0、A2.0、A2.5、A3.5、A5.0、A7.5、A10.0 共 7 个等级，见表 5.7。

表 5.7 砌块的立方体抗压强度(MPa)

强度级别	立方体抗压强度	
	平均值不小于	单组最小值不小于
A1.0	1.0	0.8
A2.0	2.0	1.6
A2.5	2.5	2.0
A3.5	3.5	2.8
A5.0	5.0	4.0
A7.5	7.5	6.0
A10.0	10.0	8.0

按干密度分为 B03、B04、B05、B06、B07、B08 共 6 个等级，如表 5.8 所示。

表 5.8　砌块的干密度(kg/m³)

干密度级别		B03	B04	B05	B06	B07	B08
干密度	优等品(A)≤	300	400	500	600	700	800
	优等品(B)≤	325	425	525	625	725	825

按外观质量、尺寸偏差、干密度、抗压强度分为优等品(A)、合格品(B)两个级别，如表 5.9 所示。

表 5.9　砌块的强度级别

干密度级别		B03	B04	B05	B06	B07	B08
强度级别	优等品(A)	A1.0	A2.0	A2.5	A5.0	A7.5	A10.0
	优等品(B)			A3.5	A3.5	A5.0	A7.5

3. 蒸压加气混凝土砌块的产品标识

蒸压加气混凝土砌块的产品标识由强度等级、干密度级别、等级、规格尺寸及标准编号 5 部分组成。

示例：强度等级为 A5.0、干密度级别为 B06、优等品、规格尺寸为 600 mm × 200 m × 250 mm 的蒸压加气混凝土砌块，其标识为 A5.0B06600 × 200 × 250(A)GB11968。

二、加气混凝土砌块的应用

砌块具有轻质、保温隔热、隔声、耐火、可加工性能好等特点。加气混凝土砌块的表观密度小，一般仅为黏土砖的 1/3，作为墙体材料，可使建筑物自重减轻 2/5～1/2，从而降低造价；其导热系数为 0.14～0.28 W/(m·K)，用作墙体可降低建筑物的采暖、制冷等使用能耗。

加气混凝土砌块可用于一般建筑物的墙体，可作多层建筑的承重墙和非承重外墙及内隔墙，也可用于屋面保温。加气混凝土砌块不得用于建筑物基础和处于浸水、高湿和有化学侵蚀的环境(如强酸、强碱或高浓度二氧化碳)中，也不能用于承重制品表面温度高于 80℃的建筑部位。

技能训练

一、试验目的

确定混凝土空心砌块的强度等级，熟悉混凝土空心砌块的有关性能和技术要求。

二、试验器材

试验器材如表 5.10 所示。

表 5.10　试验器材

设备编号	设备型号	设备名称
006	WE-100	液压式万能试验机
091-4	TD2100(0-2100g)	电子天平
066-2	101-2A	电热恒温干燥箱
065-1	101	电热鼓风干燥箱
332	101-2A	数显鼓风干燥箱
065-4	101-1A	电热鼓风干燥箱

三、试样制备

(1) 检验规范:《蒸压加气混凝土性能试验方法》。

(2) 试样数量:9 块。

(3) 试件尺寸:100 mm × 100 mm × 100 mm。

(4) 环境温度:室温 10℃～35℃。

四、试验方法及步骤

(1) 检查试件外观。

(2) 测量试件尺寸,精确至 1 mm,并计算试件的受压面积。

(3) 将试件放在材料试验机的下压板的中心位置,试件的受压方向应垂直于制品的发气方向。

(4) 开动试验机,当上压板与试件接近时,调整球座,使接触均衡。

(5) 以(2.0 ± 0.5) kN/s 的速度连续而均匀地加荷,直至试件破坏,记录破坏荷载(P_1)。

(6) 将试验后的试件全部或部分立即称取质量,然后在(105 ± 5)℃下烘至恒质,计算其含水率。

五、试验结果评定

$$f_c = \frac{P_1}{A_1} \tag{5-6}$$

式中:f_c——试件的抗压强度,单位为兆帕(MPa);

P_1——破坏荷载,单位为牛(N);

A_1——试件受压面积,单位为平方毫米(mm²)。

六、填写试验报告单

蒸压加气混凝土性能检测数据记录表如表 5.11 所示。

表 5.11　蒸压加气混凝土性能检测数据记录表

单块砖抗压强度测定值/MPa									抗压强度平均值 /MPa	抗折强度标准值 /MPa	含水率 /(%)
1	2	3	4	5	6	7	8	9			

项 目 拓 展

砌块是用于砌筑的人造块材，外形多为直角六面体，也有各种异性的。

砌块按规格大小分为大砌块(主规格的高度大于 980 mm)、中砌块(主规格的高度为 380～980 mm)、小砌块(主规格的高度大于 115 mm 而又小于 380 mm)。目前，我国中小型砌块使用较多。

砌块按其空心率的大小分为空心砌块和实心砌块两种。实心砌块空心率小于 25%或无孔洞，空心砌块空心率大于或等于 25%。砌块按照其所用主要原料以及生产工艺分为水泥混凝土砌块、粉煤灰硅酸盐混凝土砌块、蒸压加气混凝土砌块、石膏砌块等。

砌块为一种新型墙体材料，可充分利用地方资源和工业废料，生产工艺简单，适应性强，砌筑方便灵活，可提高施工效率，减轻房屋自重，改善墙体功能。因此，推广和使用砌块是墙体材料的一种发展方向。

1. 混凝土小型空心砌块(代号 NHB)

普通混凝土小型空心砌块是以水泥为胶结料，以普通砂石或重矿渣为粗细集料，经加水搅拌、成型、养护而成的空心率大于或等于 25%的小型空心砌块。该砌块的主规格(长×宽×高)为 390 mm×190 mm×190 mm、390 mm×240 mm×190 mm 等，最小外壁厚不应小于 30 mm，最小肋厚不应小于 25 mm。砌块各部位的名称如图 5-6 所示。

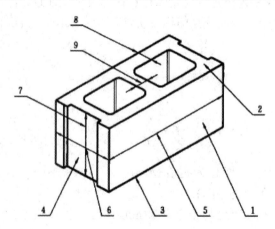

1—条面；2—坐浆面(肋厚较小的面)；3—铺浆面(肋厚较大的面)；4—顶面；5—长度；6—宽度；7—高度；8—壁；9—肋

图 5-6　砌块各部位的名称

根据《普通混凝土小型空心砌块》(GB8239—1997)的规定，砌块按其尺寸偏差、外观质量分为优等品(A)、一等品(B)及合格品(C)3 个产品等级。按砌块的抗压强度分为 MU3.5、

MU5.0、MU7.5、MU10.0、MU15.0 和 MU20.0，如表 5.12 所示。

表 5.12　砌块强度等级

强度等级	砌块抗压强度	
	平均值不小于	单块最小值不小于
MU3.5	3.5	2.8
MU5.0	5.0	4.0
MU7.5	7.5	6.0
MU10.0	10.0	8.0
MU15.0	15.0	12.0
MU20.0	20.0	16.0

　　混凝土小型空心砌块可用于低层和中层建筑的内墙和外墙。这种砌块在砌筑时一般不宜浇水，但在气候特别干燥炎热时，也可在砌筑前稍喷水湿润。砌筑时尽量采用主规格砌块，并应先清除砌块表面污物和砌块孔洞的底部毛边。采用反砌(即砌块底面朝上)，砌块之间应错缝砌筑。

　　混凝土中型空心砌块的原材料、制作工艺与小型空心砌块基本相同，只是制作的成型设备不同，其主要特点是规格大、施工机械化程度高，并具有轻质、高强、造价低廉、砌筑方便、墙面平整度好、施工效率高等优点，适用于民用及一般工业建筑墙体。

2. 轻骨料混凝土小型空心砌块(代号 LHB)

　　轻骨料混凝土小型空心砌块是以陶粒、膨胀珍珠岩、浮石、火山渣、煤渣、自燃煤矸石等各种轻粗、细集料和水泥按一定比例配制，经搅拌、成型、养护而成的空心率大于或等于 25%、表观密度小于 1400 kg/m^3 的轻质混凝土小砌块。

　　该砌块的主规格为 390 mm × 190 mm × 190 mm；有 MU1.5、MU2.5、MU3.5、MU5.0、MU7.5、MU10.0 共 6 个强度等级，密度为 500～1400 kg/m^3。

　　与普通混凝土空心小砌块相比，这种砌块质量更轻，保温隔热性能更佳，抗冻性更好，主要用于非承重结构的围护和框架结构的填充墙，也可用于既承重又保温或专门保温的墙体。

3. 蒸养粉煤灰砌块(代号 FB)

　　蒸养粉煤灰砌块是以粉煤灰、石灰、石膏和集料等为原料，经加水搅拌、振动成型、蒸汽养护而制成的密实砌块。通常采用炉渣作为砌块的集料。砌块主规格外形尺寸有 880 mm × 380 mm × 240 mm 和 880 mm × 430 mm × 240 mm 两种。砌块的端面应加灌浆槽，坐浆面(铺浆面)宜设抗剪槽。

　　按标准《粉煤灰砌块》规定，砌块按其立方体试件的抗压强度分为 MU10 和 MU13 两个强度等级；根据砌块的外观质量、尺寸偏差和干缩性能分为一等品(B)和合格品(C)两个质量等级。

　　蒸养粉煤灰砌块的表观密度随所用的集料而变，当用炉渣为集料时，其表观密度为 1300～1550 kg/m^3，热导率为 0.465～0.582 W/(m·K)，蒸养粉煤灰砌块适用于民用和工业建筑的承重结构或围护结构。

项 目 小 结

砌体材料在建筑中起承重、维护或分隔作用，常用的有砖砌块、石材和砂浆等。砌体材料较多用作墙体材料。目前我国烧结黏土砖用量仍占有一定的份额。

本项目重点完成对天然或人工块体材料性质的检测，以便为工程材料的选用提供依据。通过四个实训训练，学生可掌握砌体材料性质的检测方法。

1. 烧结砖的性能检测

(1) 烧结普通抗压强度试验；

(2) 烧结普通砖抗折强度试验；

(3) 砖外观质量检测。

2. 砌块材料

(1) 非烧结砖；

(2) 混凝土空心砌块试验。

思 考 与 练 习

一、填空题

1. 目前所用的墙体材料有＿＿＿＿＿、＿＿＿＿＿和＿＿＿＿＿三大类。

2. 墙体材料在建筑中主要起＿＿＿＿＿、＿＿＿＿＿和＿＿＿＿＿等作用。

3. 烧结普通砖具有＿＿＿＿＿、＿＿＿＿＿、＿＿＿＿＿、＿＿＿＿＿和＿＿＿＿＿等特点。

4. 烧结普通砖的外形为直角六面体，其标砖尺寸为＿＿＿＿＿。

5. 蒸压加气块混凝土砌块的特点有＿＿＿＿＿、＿＿＿＿＿、＿＿＿＿＿和＿＿＿＿＿等。

二、单选题

1. 蒸压加气混凝土砌块中，合格品的缺棱掉角的最小尺寸不得大于(　　)，最大尺寸不得大于(　　)。

A. 30 mm，70 mm   B. 30 mm，50 mm

C. 20 mm，40 mm   D. 10 mm，30 mm

2. 烧结普通砖的质量等级评定依据不包括(　　)。

A. 尺寸偏差   B. 砖的外观质量

C. 泛霜   D. 自重

3. 烧结空心砌块是指空心率≥(　　)%的砌块。

A. 10   B. 15   C. 20   D. 25

4. 黏土砖在砌筑墙前一定要经过浇水湿润，其目的是(　　)。

A. 把砖冲洗干净   B. 保持砌筑砂浆的稠度

C. 增大砂浆对砖的胶结力

5. 过火砖不宜用于保温墙体中，主要是因为其(　　)不理想。

A. 强度　　　　　　　　　B. 耐水性

C. 保持隔热效果

三、综合题

1. 什么是砖的泛霜和石灰爆裂？它们对建筑物有什么影响？

2. 目前所用的墙体材料有哪几种？它们各有哪些优缺点？

实训项目六　钢材性能与检测

 项目分析

本项目对常用钢材的各种工程性能进行检测和试验，要求学生能解释钢筋拉伸、钢筋冷弯等试验过程产生的现象；能判断及确定钢材的屈服强度、抗拉强度及完成相应钢材性能指标的计算；能绘制材料性能曲线并正确填写试验报告。

本项目需要完成以下任务：

(1) 钢筋的尺寸、质量检测。

(2) 钢筋的拉伸试验。

(3) 钢筋的冷弯试验。

(4) 钢筋的连接件试验。

(5) 钢材的冲击韧性试验。

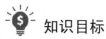 知识目标

(1) 了解钢筋的类型及分类。

(2) 了解钢筋的各种力学性能指标。

(3) 了解钢筋的连接方法。

(4) 了解钢筋的冲击韧性对其适用性的影响。

 能力目标

(1) 掌握不同种类钢筋尺寸及质量测定方法。

(2) 掌握钢筋力学性能指标的测定方法。

(3) 掌握钢筋的可焊性试验方法。

(4) 掌握钢筋冲击韧性试验目的及方法。

(5) 掌握钢筋检测与试验报告的正确填写方法。

任务一 钢筋的尺寸、质量检测

任务目标

以工程中常见的带肋钢筋及光圆钢筋为检测对象,通过对材料的尺寸量取、质量称定及计算、检测结果的评定和记录,掌握不同钢筋尺寸的量取及质量检测方法,并能完成检测报告单。

知识链接

一、钢的冶炼

钢材是在严格的技术控制条件下生产的材料,与非金属材料相比,有品质均匀稳定、强度高、塑性韧性好、可焊接和铆接等优良特性。钢材的主要缺点是易锈蚀、维护费用大、耐火性差、生产能耗大。

钢是由生铁冶炼,生铁是由铁矿石、焦炭(燃料)和石灰石(熔剂)等在高炉中经高温熔炼,从铁矿石中还原出铁而得。生铁的主要成分是铁,但含有较多的碳以及硫、磷、硅、锰等杂质,杂质使得生铁硬而脆、塑性很差,抗拉强度很低,使用受到很大限制。炼钢的目的就是通过生铁在炼钢炉内的高温气化作用,减少生铁中碳和硫、磷等杂质含量,以显著改善其性能,将生铁中的含碳量降至 2%以下,使磷、硫等杂质含量降至一定范围内即成为钢。

在钢的冶炼过程中,碳被氧化成一氧化碳气体逸出;硅、锰等氧化后形成氧化硅和氧化锰进入钢渣中而被排出,硫和磷在石灰的作用下亦进入渣中被除去。不过,这些处理都不可能是完全彻底的。

根据炼钢设备的不同,建筑材料的冶炼方法可分为氧气转炉、平炉和电炉 3 种。不同的炼钢方法对钢的质量影响不同。

1. 氧气转炉炼钢

以熔融的铁水为原料,由炉顶向炉内吹入高压氧气,使铁水中的磷和硫等杂质氧化除去,得到较纯净的钢水。氧气转炉炼钢是在过去空气转炉炼钢法的基础上发展起来的先进方法,避免了吹入空气冶炼时易带进氮、氢等有害气体等缺点。转炉炼钢周期短,生产效率高,杂质清除较充分,钢的质量较好。目前,氧气转炉炼钢法已成为现代炼钢的主要方法。

2. 平炉炼钢

平炉炼钢是利用拱形炉顶的反射原理,以固态或液态生铁、适量铁矿石和废钢作原料,以煤气或重油为燃料进行冶炼,它是利用废钢铁和铁矿石中的氧使杂质氧化。平炉的冶炼时间长，有足够的时间调整和控制其成分，杂质去除更为彻底，故炼得的钢质量高。但是由于设备一次投资大，燃料热效率较低，冶炼时间较长，故其成本较高。

3. 电炉炼钢

电炉炼钢是用电加热进行高温冶炼的炼钢法。电炉炼钢的原料主要是废钢及生铁。电炉熔炼温度高，而且温度可以自由调节，清除杂质较易，因此电炉钢的质量最好，但成本也最高。

钢的冶炼过程是杂质成分的热氧化过程。炉内为氧化气氛，故炼成的钢水中会含有一定量的氧化铁，这对钢的质量不利。为消除这种不利影响，在炼钢结束时应加入一定量的脱氧剂(常用的有锰铁、硅铁和铝锭)，使之与氧化铁作用而将其还原成铁，此称"脱氧"。

在铸锭冷却过程中，由于钢内某些元素在铁的液相中的溶解度大于固相，这些元素便向凝固较迟的钢锭中心集中，导致化学成分在钢锭中分布不均匀，这种现象称为化学偏析，其中尤以硫、磷偏析最为严重。偏析现象对钢的质量有很大影响。脱氧减少了钢材中的气泡并克服了元素分布不均的缺点，故能明显改善钢的技术性质。

二、钢筋的基本知识

1. 钢筋的分类

1) 按照钢筋外形划分

(1) 光圆钢筋。断面为圆形，表面无刻纹，使用时末端需加 180° 弯钩，小直径光圆钢筋多为盘条。

(2) 螺纹钢筋(又称带肋钢筋)。表面轧制成螺旋纹、月牙纹，以增大与混凝土的黏结力。

(3) 精轧螺纹钢筋。新近开发的用作预应力钢筋的新品种，钢号为 40Si$_2$MnV。

(4) 预应力钢丝、钢绞线。预应力钢丝具有强度高、柔性好、无接头等优点，主要用于大跨度吊车梁、桥梁、电杆、轨枕等的预应力钢筋。

此外，还有刻痕钢丝、压波钢线等。

2) 按化学成分划分

按化学成分划分，钢筋可分为普通碳素钢和合金钢。

普通碳素钢中，低碳钢的碳质量分数在 0.25% 以下，中碳钢的碳质量分数在 0.25%～0.6% 间，高碳钢碳质量分数在 0.6%～1.4% 间。

碳含量影响着钢材的基本性质，随着碳含量增加，强度、硬度都增加，但塑性、韧性降低。建筑工程中采用普通低碳钢。

在普通碳素钢中加入某些合金元素，如锰、钛、硅、锌、铜、钒、镍等元素，冶炼成合金钢，大大地改善了钢材的性能，如不锈钢。

3) 按生产工艺划分

按钢筋生产工艺划分，混凝土结构用的普通钢筋可分为两类：热轧钢筋和冷加工钢筋(冷轧带肋钢筋、冷轧扭钢筋、冷拔螺旋钢筋)。余热处理钢筋属于热轧钢筋一类。

4）按供货方式划分

HPB300 钢筋，外形为光圆，出厂形式有两种：直径为 8～12 mm，为盘条出厂；直径大于 12 mm，为直条出厂。HRB335、HRB400、RRB400 钢筋，外形为带肋钢筋，直径为 8～50 mm，为直条出厂。直条钢筋的长度一般为 6～12 m，在施工现场最常用的是 9 m。

2. 混凝土结构的钢筋选用

钢筋按屈服强度可分为 HPB300 级、HRB335 级、HRB400 级、HRB500 级钢筋、RRB400 级钢筋。字母 H 代表热轧钢筋，相对冷轧钢筋为 C；字母 P 表示光圆，R 表示带肋；字母 B 代表钢筋。RRB400 级钢筋为余热处理钢筋。它们的强度分别为

HPB300 级，又称一级钢，屈服强度 300 MPa，抗拉强度 420 MPa；
HRB335 级，又称二级钢，屈服强度 335 MPa，抗拉强度 455 MPa；
HRB400 级，又称三级钢，屈服强度 400 MPa，抗拉强度 540 MPa；
HRB500 级，又称四级钢，屈服强度 500 MPa，抗拉强度 630 MPa；
RRB400 级，屈服强度 440 MPa，抗拉强度 600 MPa。

钢筋符号后加字母"E"，表示该钢筋具有抗震性能，如 HRB335E、HRB400E、HRB500E，根据《混凝土结构工程施工质量验收规范》的规定，对按一、二、三级抗震等级设计和斜撑(含梯段)中的纵向受力钢筋，应采用带字母"E"的抗震钢筋，即热轧带肋钢筋 HRB335E、HRB400E、HRB500E、HRBF335E、HRBF400E 或 HRBF500E。其强度和最大拉力下的总伸长率实测值应符合以下规定：

(1) 钢筋抗拉强度实测值与屈服强度实测值之比不应小于 1.25；
(2) 钢筋的屈服强度实测值与屈服强度标准值之比不应大于 1.3；
(3) 钢筋最大力下总伸长率不应小于 9%。

三、钢丝与钢绞线

1. 钢丝

钢丝是用热轧盘条经冷拉制成的再加工产品。钢丝生产的主要工序包括原料选择、清除氧化铁皮、烘干、涂层处理、热处理、拉丝、镀层处理等。

钢丝按断面形状分类，主要有圆形、方形、矩形、三角形、椭圆形、扁形、梯形、Z 字形等；按尺寸分类，有特细(直径<0.1 mm)、较细(0.1～0.5 mm)、细(直径为 0.5～1.5 mm)、中等(直径为 1.5～3 mm)、粗(直径 3～6 mm)、较粗(直径 6.0～8.0 mm)、特粗(直径>8.0 mm)；按强度分类：有低强度(强度<390 MPa)、较低强度(强度为 390～785 MPa)、普通强度(强度为 1225～1960 MPa)、高强度(强度为 1960～3135 MPa)、特高强度(强度>3135 MPa)。

冷拔低碳钢丝是将直径为 6.5～8 mm 的 Q235(或 Q215)圆盘条在常温下通过拔丝模，经受一次或多次引拔而制成的钢丝，其屈服强度可提高 40%～60%。建筑用冷拔低碳钢丝分为甲、乙两级；甲级为预应力钢丝，乙级为非预应力钢丝。

2. 钢绞线

钢绞线是由多根钢丝绞合构成的钢铁制品。最常用的钢绞线为镀锌钢绞线和预应力钢绞线，常用预应力钢绞线直径为 9.53～17.8 mm，有少量更大直径的钢绞线。每根预应力

钢绞线中的钢丝一般为 7 根，也有 2 根、3 根及 19 根，钢丝上可以有金属或非金属的防腐层。涂防腐油脂或石蜡后包 HDPE 的称为无黏结预应力钢绞线。

钢绞线按结构分为 5 类，如图 6-1 所示，其代号为

用 2 根钢丝捻制的钢绞线 1×2

用 3 根钢丝捻制的钢绞线 1×3

用 3 根刻痕钢丝捻制的钢绞线 $1 \times 3I$

用 7 根钢丝捻制的标准型钢绞线 1×7

用 7 根钢丝捻制又经模拔的钢绞线 $(1 \times 7)C$

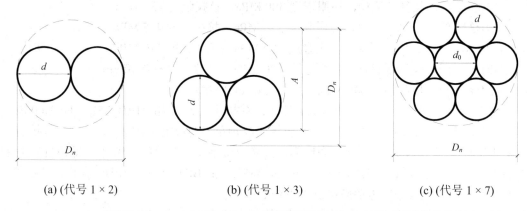

(a) (代号 1×2)   (b) (代号 1×3)   (c) (代号 1×7)

D_n—钢绞线直径；d_0—中心钢丝直径；d—外层钢丝直径；A—1×3 结构钢绞线测量尺寸

图 6-1   钢绞线外形

钢绞线标记示例如下：

(1) 预应力钢绞线 1×7-15.20-1860，表示公称直径为 15.20 mm，强度级别为 1860 MPa 的 7 根钢丝捻制的标准型钢绞线。

(2) 预应力钢绞线 $1 \times 3I$-8.74-1670 表示公称直径为 8.74 mm，强度级别为 1670 MPa 的 3 根刻痕钢丝捻制的钢绞线。

(3) 预应力钢绞线$(1 \times 7)C$-12.70-1860，表示公称直径为 12.70 mm，强度级别为 1860 MPa 的 7 根钢丝捻制又经模拔的钢绞线。

技能训练

一、检测目的

通过对钢筋尺寸和质量偏差的测定来衡量钢筋交货质量。

二、检测器材

(1) 钢直尺：量程 100 cm，最小刻度 1 mm；

(2) 电子天平：最小分度不大于总质量的 1%，建议精确至 1 g；

(3) 游标卡尺：精度 0.01 mm。

三、对象选取

(1) 对于尺寸检测，逐支(盘)取样。

(2) 测量钢筋质量偏差时，试样应从不同钢筋上截取，数量不少于 5 支，每支试样长度不小于 500 mm。长度应逐支测量，应精确到 1 mm。测量试样总质量时，应精确到不大于总质量的 1%。

四、检测方法及步骤

1. 检测方法

钢筋的公称直径检测采用探测仪检测并结合钻孔、剔凿的方法进行，钢筋钻孔、剔凿时，不得损坏钢筋。当钢筋探测仪测得的钢筋公称直径与钢筋实际公称直径之差大于 1 mm 时，以实测结果为准。实测采用游标卡尺，量测精度应为 0.1 mm，钢筋的长度测量采用钢尺。

钢筋的质量测量用天平。测量试样总质量时，应精确到不大于总质量的 1%。

2. 检测步骤

1) 尺寸检测

(1) 试样从不同钢筋上截取，数量不少于 5 支，每支试样长度不小于 500 mm。

(2) 应逐支清除钢筋表面的锈蚀和污垢。

(3) 在与轴线垂直的平面上，以垂直方向测量钢筋内径，钢筋内径的测量应精确到 0.1 mm，计算出 5 个试样钢筋内径的平均值。

(4) 试样内径平均值减去公称尺寸求得其内径偏差。

(5) 钢筋内径偏差检验结果符合要求为合格。

2) 质量偏差测量

(1) 先清理干净钢筋表面附着的异物(混凝土、沙、泥等)；

(2) 检查钢尺，检查电子天平并归零。

(3) 检查钢筋规格是否与接样单及质保书对应，钢筋两端是否平整，初步测量试样长度看是否符合标准要求(不小于 500 mm)；过长的用切割机切割至试验要求尺寸。

(4) 将钢筋试样放置于已归零的电子天平上称量并记录；测量试样总质量时，应精确到不大于总质量的 1%。

(5) 用钢尺逐支量取钢筋试样长度，并记录。

五、检测结果评定

(1) 钢筋实际质量与公称质量的偏差按下式计算：

$$质量偏差（\%）=\frac{试样实际质量-（试样总长度\times理论质量）}{试样总长度\times理论质量}\times100\% \qquad (6\text{-}1)$$

(2) 常用热轧带肋和光圆钢筋的理论质量和允许偏差、光圆钢筋直径与热轧带肋钢筋内径允许偏差如表 6.1 所示。

表 6.1　钢筋内径允许偏差表

公称直径/mm	理论质量/(g·mm⁻¹)	质量偏差允许值	光圆钢筋直径允许偏差/mm	带肋钢筋内径/mm	
				公称尺寸	允许偏差
6.5	0.260	±7%	±0.3 mm	—	—
6	0.222			5.8	± 0.3 mm
8	0.395			7.7	
10	0.617			9.6	
12	0.888			11.5	± 0.4 mm
14	1.21	±5%	±0.4 mm	13.4	
16	1.58			15.4	
18	2.00			17.3	
20	2.47			19.3	
22	2.98	±4%	—	21.3	±0.5 mm
25	3.85		—	24.2	
28	4.83		—	27.2	
32	6.31		—	31.0	±0.6 mm
36	7.99		—	35.0	

(3) 钢筋质量偏差检验结果的数值修约与判定应符合 YB/T 081 规定,其结果应符合表 6.2 要求。

表 6.2　钢筋质量偏差表

公称直径/mm	实际质量与理论质量的偏差/(%)
6～12	±7
14～20	±5
22～50	±4

六、完成检测报告单

钢筋尺寸偏差和质量偏差抽查记录表如表 6.3 所示。

表6.3　钢筋尺寸偏差和质量偏差抽查记录表

工程名称				施工单位					
建设单位				监理单位					
抽查日期			使用部位			抽查结果			

进场批次炉批号	公称直径/mm	内径尺寸偏差/mm				质量偏差/（%）= $\dfrac{\text{试样实际质量}-（\text{试样总长度}\times\text{理论质量}）}{\text{试样总长度}\times\text{理论质量}}\times100\%$					
		公称尺寸/mm	实测内径/mm	允许偏差/mm	实测偏差/mm	理论重量/(g·mm⁻¹)	实测总重量/g	实测长度/mm	实测总长度/mm	允许偏差/(%)	实测偏差/(%)

施工单位质量检查员：　　　　　监理工程师：　　　　　日期：　　年　　月

任务二　钢筋的拉伸试验

任务目标

制备试样并测定低碳钢的屈服强度、抗拉强度与伸长率，要求学生掌握试验现象，能确定并绘制相应的性能曲线，能正确填写试验报告单，并通过试验结果评定钢筋等级。

知识链接

一、钢筋的力学性能指标

钢筋的力学性能，可通过钢筋拉伸试验过程中的应力-应变图加以说明。热轧钢筋具有软钢性质，有明显的屈服点，其应力-应变图如图6-2所示。

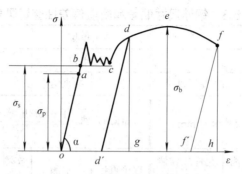

图 6-2　热轧钢筋拉伸应力-应变曲线

从图中可以看出，在应力达到 a 点之前，应力与应变成正比，呈弹性工作状态，a 点的应力值 σ_p 称为比例极限；在应力超过 a 点之后，应力与应变不成比例，呈塑性变形；当应力达到 b 点时，钢筋达到了屈服阶段，应力值保持在某一数值附近上下波动而应变继续增加，该阶段最低点 c 点的应力值称为屈服点 σ_s，超过屈服阶段后，应力与应变又呈上升状态，直至最高点 e，称为强化阶段，e 点的应力值称为抗拉强度(强度极限)σ_b；从最高点 e 至断裂点 f 钢筋产生颈缩现象，荷载下降，伸长增长，称为紧缩阶段，钢筋很快被拉断。

冷轧带肋钢筋呈硬钢性质，无明显屈服点。一般将对应于塑性残余变形应变为 0.2% 时的应力定为屈服强度，并以 $\sigma_{0.2}$ 表示。

二、钢筋伸长率的计算

钢筋伸长率用 δ 表示，它的计算式为

$$\delta = \frac{试件断后长度 - 标距原始长度}{标距原始长度} \times 100\% \tag{6-2}$$

一般热轧钢筋标距取 10 倍钢筋直径和 5 倍钢筋直径长度，伸长率用 δ_{10} 和 δ_5 表示。钢丝标距取 100 倍直径长度，用 δ_{100} 表示。钢绞线标距取 200 倍直径长度，用 δ_{200} 表示。

伸长率是衡量钢筋(钢丝)塑性性能的重要指标，伸长率越大，钢筋的塑性越好。这是钢筋冷加工的保证条件。

【技能训练】

一、试验目的

测定低碳钢的屈服强度、抗拉强度、伸长率三个指标，作为评定钢筋强度等级的主要技术依据；掌握《金属材料室温拉伸试验方法》和钢筋强度等级的评定方法。

二、试验器材

(1) 万能试验机。
(2) 钢板尺、游标卡尺、千分尺、两脚爪规等。

三、试样制备

1. 取样

钢筋应按批进行检查和验收，每批由同一牌号、同一炉罐号、同一尺寸的钢筋组成。每批质量通常不大于 60 t，取一组试件(热轧光圆钢筋为 2 根拉伸试件、2 根弯曲试件，热轧带肋钢筋为 2 根拉伸试件、2 根弯曲试件、1 根反向弯曲试件)。超过 60 t 的部分，每增加 40 t(或不足 40 t 的余数)，增加一个拉伸试验试样和一个弯曲试验试样。

切取试件时，应在钢筋或盘条的任意一端截去 500 mm 后切取。每根钢筋上切取一个拉力试件、一个冷弯试件，拉伸试件 $L \geqslant 10d + 200$ mm。

2. 试件制备

(1) 划线标出原始标距(标记不应影响试样断裂)，原始标距如图 6-3 所示。

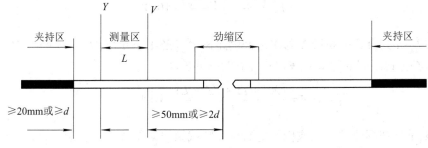

图 6-3 原始标距

(2) 试件原始尺寸的测定。

① 测量标距长度 l_0，精确至 0.1 mm。

② 圆形试件横断面直径应在标距的两端及中间处两个相互垂直的方向上各测一次，取其算术平均值，选用三处测得的横截面积中最小值，横截面积按式(6-3)计算。

$$A_0 = \frac{1}{4}\pi \cdot d_0^2 \tag{6-3}$$

式中：A_0——试件的横截面积(mm^2)；

d_0——圆形试件原始横断面积(mm)。

四、试验方法及步骤

1. 屈服强度与抗拉强度的测定

(1) 调整试验机测力度盘的指针，使之对准等点，并拨动副指针，使其与主指针重叠。

(2) 将试件固定在试验机夹头内，开动试验机进行拉伸。拉伸速度：屈服前，应力增加速度每秒钟为 10 MPa；屈服后，试验机活动夹头在荷载下的移动速度不大于 $0.5L_c/\text{min}$。

(3) 拉伸中，测力度盘的指针停止转动时的恒定荷载或不计初始瞬时效应时的最小荷载，即为求得的屈服点荷载 P。

(4) 向试件连续实施荷载直至全拉断，由测力度盘读出最大荷载，即为所求抗拉极限荷载 p_b。

2. 伸长率的测定

(1) 将已拉断试件的两端在断裂处对齐，尽量使其轴线位于一条直线上。若拉断处由于各种原因形成缝隙，则此缝隙应计入试件拉断后的标距部分长度内。

(2) 若拉断处到邻近标距端点的距离大于 $1/3 l_0$，可用卡尺直接量出已被拉长的标距长度 l_0 (mm)。

(3) 若拉断处到邻近标距端点的距离小于或等于 $1/3 l_0$，可按下述移位法计算标距长度 l_0 (mm)。

① 实验前将原始标距细分为 N 等份。

② 实验后，以符号 X 表示断裂后试样短段的标记，以符号 Y 表示断裂试样长度的等分标记，此标记与断裂处的距离最接近断裂处至标记 X 的距离。

a. 如 X 与 Y 之间的分格数为 n，按如下测定断后伸长率：

$$A = \frac{(XY + 2YZ - l_0)}{l_0} \times 100\% \tag{6-4}$$

b. 如 $N-n$ 为奇数，测量 X 与 Y 之间的距离，以及 Y 至距离 $1/2(N-n)$ 和 $1/2(N-n+1)$ 分格的 z' 和 Z' 标记之间的距离。按下式计算断后伸长率：

$$A = \frac{(XY + Yz' + YZ' - L)}{l_0} \times 100\% \tag{6-5}$$

(4) 如试件在标距端点上或标距处断裂，则试验结果无效，应重新试验。

五、试验结果评定

(1) 屈服强度按照式(6-6)计算：

$$\sigma_s = \frac{P_s}{A_0} \tag{6-6}$$

式中：σ_s——屈服强度(MPa)；

　　　P_s——屈服时的荷载(N)；

　　　A_0——试件原横截面面积(mm^2)。

(2) 抗拉强度按式(6-7)计算：

$$\sigma_b = \frac{P_b}{A_0} \tag{6-7}$$

式中：σ_b——抗拉强度(MPa)；

　　　P_b——最大荷载(N)；

　　　A_0——试件原横截面面积(mm^2)。

(3) 伸长率按式(6-8)计算(精确至 1%)：

$$\delta_{10}(\delta_5) = \frac{l_1 - l_0}{l_0} \times 100\% \tag{6-8}$$

式中：$\delta_{10}(\delta_5)$——分别表示 $l_0 = 10d_0$ 和 $l_0 = 5d_0$ 时的伸长率；

　　　l_0——原始标距长度 $10d_0$ (或 $5d_0$)(mm)；

l_1——试件拉断后直接量出或者按移位法确定的标距部分长度(mm)，精确至 0.1 mm。

(4) 当试验结果有一项不合格时，应另取双倍数量的试样重做试验；如仍有不合格项目，则该批钢材判为拉伸性能不合格。

六、填写试验报告单

钢筋拉伸实验数据记录表如表 6.4 所示。

表 6.4　钢筋拉伸实验数据记录表

试样编号			1	2
试样原始截面积 A_0 / mm				
试样原始标距 l_0 / mm				
屈服强度	屈服强度 σ_s / MPa	屈服荷载 P_s / N		
		屈服强度 σ_s / MPa		
抗拉强度	最大拉力 F_b / N			
	抗拉强度 σ_b / MPa			
断后伸长率	试件断裂后的标距 l_1 / mm			
	断后伸长率 δ / (%)			
断面收缩率	颈缩处最小断面积 S_1 / mm^2			
	断面收缩率 Z / (%)			
		试验日期　　年　　月　　日		

任务三　钢筋的冷弯试验

任务目标

本任务通过测定钢筋在规定程度下的弯曲变形能力，要求学生在试验过程中观测并记录试验现象，能达到通过钢筋冷弯试验评判钢筋冷加工能力的程度。

知识链接

一、钢筋的冷加工

为了提高钢筋的强度，节约钢筋用量，满足预应力钢筋的需要，工程上常采用冷拉、冷拔的方法对钢筋进行冷加工，以获得冷拉钢筋和冷拔钢丝。

1. 钢筋冷拉

钢筋的冷拉是指在常温下对钢筋进行强力拉伸，使拉应力超过钢筋的屈服极限，从而使钢筋产生塑性变形，以达到调直钢筋、提高强度的目的。在工程中，钢筋冷拉可节约10%～20%的钢材。钢筋冷拉设备由拉力设备、承力结构、测量设备和钢筋夹具等部件组成。其中，拉力设备主要为卷扬机和滑轮组，如图6-4所示。

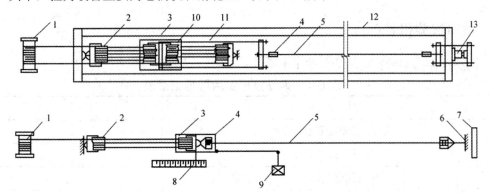

1—卷扬机；2—滑轮组；3—冷拉小车；4—夹具；5—被冷拉的钢筋；6—地锚；7—防护壁；

8—标尺；9—回程荷重架；10—回程滑轮组；11—传力架；12—冷拉槽；13—液压千斤顶

图6-4　冷拉设备

冷拉时，钢筋被拉直，钢筋表面锈皮会脱落，起到调直、除锈的作用。钢筋冷拉后强度提高，塑性降低，但仍有一定的塑性。

钢筋的冷拉有控制冷拉应力和控制冷拉率两种方法。其中，控制冷拉应力法能够保证冷拉钢筋的质量，用作预应力筋的冷拉钢筋宜用此法；采用控制冷拉率法冷拉钢筋时，冷拉率必须由试验确定。

控制冷拉率法的优点是所用设备简单，但当材质不均匀、冷拉率波动大时，不易保证冷拉应力，此时可逐根取样。分清炉批号的热轧钢筋，不应采取控制冷拉率法进行冷拉。

2. 钢筋冷拔

钢筋冷拔是将直径为6～8 mm的光面钢筋在常温下通过特制的钨合金拔丝模孔(模孔直径一般比钢筋直径小0.5～1.0 mm)进行强力拉拔，使其发生较大塑性变形，从而提高光面钢筋的强度和硬度，降低塑性。

钢筋冷拔的工艺比较复杂，所用模具如图6-5所示。钢筋冷拔在加工厂进行，并非一次拔成，要反复进行多次。经过多次强力拉拔的钢筋，称为冷拔低碳钢丝。若钢筋需要连接，应在冷拔前进行对焊连接。

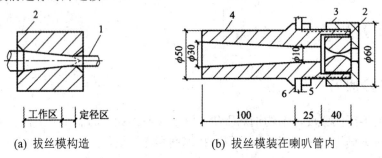

(a) 拔丝模构造　　　　　　　(b) 拔丝模装在喇叭管内

1—钢筋；2—拔丝模；3—螺母；4—喇叭管；5—排渣孔；6—存放润滑剂的箱壁

图6-5　钢筋冷拔模具

冷拔低碳钢丝呈硬钢特性,塑性低,没有明显的屈服阶段,但抗拉强度显著提高(可提高50%~90%),故能节约大量钢材。

3. 冷轧

将热轧钢筋或钢板通过冷轧机,轧成一定规律变形的钢筋或薄钢板。冷轧变形钢筋能提高强度,节约钢材,且具有规律的凹凸不平的表面,可提高钢筋与混凝土的黏结力。

二、钢筋的时效处理

钢材随着时间的延长,强度、硬度提高,而塑性、韧性下降的现象称为时效。

将经过冷加工的钢材于常温下存放15~20 d,或加热到100℃~200℃并保持一定时间,这一过程称时效处理,前者称自然时效,后者称人工时效。

冷加工以后再经时效处理的钢筋,屈服点进一步提高,抗拉强度稍见增长,塑性和韧性继续有所降低。由于时效过程中内应力的消减,弹性模量可基本恢复。

三、钢筋的冷弯性能

冷弯性能是指钢材在常温下承受弯曲变形的能力,是建筑钢材的重要工艺性能。

钢材的冷弯性能指标用试件常温下所能承受的弯曲程度表示。弯曲程度则通过试件被弯曲的角度和弯心直径对试件厚度(或直径)的比值来区分。试验时采用的弯曲角度越大,弯心直径对试件厚度(或直径)的比值越小,表示对弯曲性能的要求越高。按规定的弯曲角和弯心直径进行试验时,试件的弯曲处不发生裂缝、断裂或起层,即认为冷弯性能合格。

> **技能训练**

一、试验目的

测定钢筋在冷加工时承受规定程度弯曲变形的能力,通过试验观测并确定钢筋缺陷位置,评定钢筋质量是否合格。

二、试验器材

压力机或万能试验机等。

三、试样制备

1. 取样

钢筋应按批进行检查和验收,每批由同一牌号、同一炉罐号、同一尺寸的钢筋组成。每批质量通常不大于60 t,取一组试件(热轧光圆钢筋为2根拉伸试件、2根弯曲试件,热轧带肋钢筋为2根拉伸试件、2根弯曲试件、1根反向弯曲试件)。超过60 t的部分,每增加40 t(或不足40 t的余数),增加一个拉伸试验试样和一个弯曲试验试样。

　　切取试件时，应在钢筋或盘条的任意一端截去 500 mm 后切取。每根钢筋上切取一个拉力试件、一个冷弯试件，拉伸试件 $L \geqslant 10d + 200$ mm。

2. 试件制备

(1) 试件的弯曲外表面不得有划痕。

(2) 试样加工时，应去除剪切或火焰切割等形成的影响区域。

(3) 当钢筋直径小于 35 mm 时，不需加工，直接试验；若试验机能量允许，直径不大于 50 mm 的试件也可用全截面的试件进行试验。

(4) 当钢筋直径大于 35 mm 时，应加工成直径为 25 mm 的试件。加工时应保留一侧原表面，弯曲试验时，原表面应位于弯曲的外侧。

(5) 弯曲试件长度根据试件直径和弯曲试验装置而定，通常按式(6-9)确定试件长度。

$$L = 5d + 150 \tag{6-9}$$

四、试验方法及步骤

(1) 半导向弯曲，根据钢材等级选择弯心直径与弯曲角度，根据试样直径选择力并调整支辊间距。

(2) 导向弯曲，将试件置于试验机上，启动试验机，加荷至试样达到规定弯曲角度。

五、试验结果评定

(1) 试件不经车削加工，长度 $L = 5a + 150$ mm(a 为试件厚度或直径)。

(2) 以试件弯曲处的外侧面无裂缝、裂断、起层作为冷弯合格的标准。

(3) 测定钢筋试件的冷弯试验有一根不符合标准要求，应再抽取 4 根试件重新做试验，如仍有一根试件达不到标准要求，则冷弯试验项目评为不合格。

(4) 按以下 5 种试验结果评定方法进行，若无裂纹、裂缝或裂断，则评定试件合格。

① 完好。试件弯曲处的外表面金属无肉眼可见因弯曲变形产生的缺陷时，称为完好。

② 微裂纹。试件弯曲外表面金属出现细小裂纹，其长度不大于 2 mm，宽度不大于 0.2 mm 时，称为微裂纹。

③ 裂纹。试件弯曲外表面金属出现裂纹，其长度大于 2 mm，而小于或等于 5 mm，宽度大于 0.2 mm，而小于或等于 0.5 mm 时，称为裂纹。

④ 裂缝。试件弯曲外表面金属出现明显开裂，其长度大于 5 mm，宽度大于 0.5 mm 时，称为裂缝。

⑤ 裂断。试件弯曲外表面出现沿宽度贯穿的开裂，其深度超过试件厚度 1/3 时，称为裂断。

　　注：在微裂纹、裂纹、裂缝中规定的长度和宽度，只要有一项达到某规定范围，即应按该级评定。

六、填写试验报告单

　　钢筋冷弯试验数据记录表如表 6.5 所示。

表 6.5　钢筋冷弯试验数据记录表

试样编号	试件尺寸		弯心直径 d	支辊间距离 l/mm	弯曲角度 α/(°)	试验结果
	厚(或直径) a/mm	长 L/mm				
1						
2						
3						
5						
			实验日期：　　　年　　月　　日			
实验人员：						

任务四　钢筋的连接件试验

任务目标

　　本任务通过测定不同类型、不同规格和形式的钢筋连接件的屈服强度、抗拉强度、接头强度与钢筋母材强度的实测比值判断并评定连接件的质量等级，要求学生能正确制备试样、完成实验过程和填写试验报告单。

知识链接

　　钢筋的连接方式主要有以下几种。

一、钢筋的绑扎连接

　　钢筋的绑扎连接就是将相互搭接钢筋的中心和两端，用 18～22 号镀锌铁丝(22 号铁丝只可用于绑扎直径 12 mm 以下的钢筋)扎牢。HPB300 级钢筋绑扎接头的末端应做 180° 弯钩，弯钩平直段长度不应小于 $3d$(d 为直径)，但作受压钢筋时可不做弯钩。钢筋绑扎连接示意图如图 6-6 所示。

图 6-6　钢筋绑扎连接示意图

　　绑扎搭接基本要求如下：
　　(1) 钢筋绑扎搭接接头连接区段及接头面积百分率符合规范要求。

(2) 纵向受力钢筋绑扎搭接接头的最小搭接长度应符合设计规范的要求。

(3) 轴心受拉及小偏心受拉杆件的纵向受力钢筋不得采用绑扎搭接；其他构件中的钢筋采用绑扎搭接时，受拉钢筋直径不大于 25 mm，受压钢筋直径不大于 28 mm。

(4) 直接承受动力载荷的构件，纵向受力钢筋不得采用绑扎搭接接头。

纵向受拉钢筋的搭接长度与纵向钢筋的基本锚固长度、锚固长度有一定的关系，具体见表 6.6～表 6.8。

表 6.6　受拉钢筋锚固长度 l_a、抗震锚固长度 l_{aE}

非抗震	抗震	注：
$l_a = \zeta_a\, l_{ab}$	$l_{aE} = \zeta_{aE}\, l_{ab}$	1. l_a 不应小于 200 mm。 2. 锚固长度修正系数 ζ_a 按表 6.7 取用，当多于一项时，可按连乘计算，但不应小于 0.6。 3. ζ_{aE} 为抗震锚固长度修正系数，对一、二级抗震等级取 1.15，对三级抗震等级取 1.05，对四级抗震等级取 1.00

表 6.7　受拉钢筋锚固长度修正系数 ζ_a

锚固条件		ζ_a	
带肋钢筋的公称直径大于 25 mm		1.10	—
环氧树脂涂层带肋钢筋		1.25	
施工过程中易受扰动的钢筋		1.10	
锚固区保护层厚度	$3d$	0.80	注：中间数值按内插取值，d 为锚固钢筋直径

注：1. HPB300 级钢筋末端应做 180° 弯钩，弯后平直段长度不应小于 3 d，但作受压钢筋时可不做弯钩。

2. 当锚固钢筋的保护层厚度不大于 5 d 时，锚固钢筋长度范围内应设置横向构造钢筋，其直径不应小于 d/4(d 为锚固钢筋的最大直径)；梁、柱等构件间距不应大于 5 d，板、墙等构件间距不应大于 10 d，且均不大于 100 mm(d 为锚固钢筋的最小直径)。

表 6.8　纵向受拉钢筋绑扎搭接长度和纵向受拉钢筋搭接长度修正系数

纵向受拉钢筋绑扎搭接长度 l_1、l_{1E}			注：
抗　震	非抗震		1. 当直径不同的钢筋搭接时，按直径较小的钢筋计算。
$l_{1E} = \zeta_1\, l_{aE}$	$l_1 = \zeta_1\, l_a$		2. 任何情况下不应小于 300 mm。
纵向受拉钢筋搭接长度修正系数 ζ			3. 式中为纵向受拉钢筋搭接长度修正系数。当纵向钢筋搭接接头百分率为表的中间值时，可按内插取值
纵向钢筋搭接头面积百分率/(%)	≤25	50	100
ζ_1	1.2	1.4	1.3

二、钢筋的机械连接

钢筋的机械连接是通过连接件的机械咬合作用或钢筋断面的承压作用，将一根钢筋中的力传递至另一根钢筋的连接方法。该方法具有施工简便、工艺性能良好、接头质量可靠、不受钢筋焊接性能的制约、可全天候施工、节约钢材和能源等优点。承压的机械连接接头类型有挤压套筒接头、锥螺纹套筒接头、直螺纹套筒接头、熔融金属充填套筒接头、水泥灌浆充填套筒接头和受压钢筋端面平接头等。

钢筋常用的机械连接有挤压套筒连接、锥螺纹套筒连接和直螺纹套筒连接，锥螺纹套筒连接已经不常用了，而墙柱钢筋的连接主要是直螺纹套筒连接。

钢筋直螺纹套筒连接时，通过轧丝机把钢筋端头制成直螺纹，然后用直螺纹套管将两根钢筋咬合在一起。这种接头形式使结构强度的安全度和地震情况下的延性具有更大的保证，钢筋混凝土截面对钢筋接头百分率可放宽，大大方便了设计和施工。直螺纹接头施工仅用普通扳手旋紧即可，对丝扣少旋 1、2 扣不影响接头强度，提高了施工功效。此外，其还有设备简单、经济合理、应用范围广等优点。

机械连接接头的现场检验按验收批进行。同一施工条件下采用同一批材料的同等级、同形式、同规格的接头，以 500 个为一个检验批，不足 500 个也作为一个检验批。对每一个检验批，必须随机截取 3 个时间做单向拉伸试验，按设计要求的接头性能 A、B、C 登记进行检验和评定。

用于梁和板的机械连接有直螺纹连接和套筒挤压连接。

三、钢筋的焊接

钢筋连接采用焊接接头，可节约钢材、改善结构受力性能、提高工效、降低成本。因此，《混凝土结构设计规范》规定，钢筋连接宜优先采用焊接连接。钢筋的焊接质量与钢材的可焊性和焊接工艺有关。钢材的可焊性受钢材所含化学元素种类及含量的影响很大。例如，含碳、锰数量增加，则可焊性差；含钛数量增加，则可焊性好。焊接工艺也会影响焊接质量。即使可焊性差的钢材，若焊接工艺合理，亦可获得良好的焊接质量。

常用的焊接方法有闪光对焊、电阻点焊、电弧焊、电渣压力焊、埋弧压力焊、钢筋气压焊等。

1) 焊接连接的一般要求

(1) 钢筋焊接连接应符合《钢筋焊接及验收规程》的有关规定。

(2) 当纵向受力钢筋采用焊接接头时，设置在同一构件内的接头宜相互错开，焊接接头连接区段及接头面积百分率应符合《混凝土结构工程施工规范》的有关规定。

2) 焊接的方式

(1) 闪光对焊。闪光对焊属于焊接中的压焊。所谓压焊，是指在焊接过程中必须对焊件施加压力才能完成焊接的方法。钢筋的闪光对焊是利用对焊机使两端钢筋接触，通过低电压的强电流，使钢筋被加热到一定温度变软后，进行轴向加压顶锻，形成对焊接头。闪光对焊是钢筋焊接中最常用的方法。钢筋闪光对焊的原理如图 6-7 所示。

(2) 电渣压力焊。电渣压力焊在建筑施工中多用于现浇钢筋混凝土结构构件内竖向钢筋的焊接接长，如墙、柱的钢筋连接。它的优点是功效高，成本低，在工程中取得的效果比较好。

电渣压力焊的接头应按规范规定的方法检查其外观质量和进行试样拉伸试验。

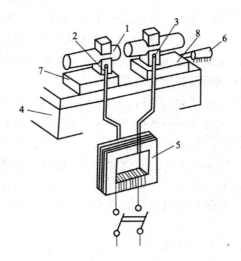

1—焊接的钢筋；2—固定电极；3—可动电极；4—机座；5—变压器；6—平动顶压机构；7—固定支座；8—滑动支座

图 6-7　钢筋闪光对焊的原理

(3) 电弧焊。钢筋的搭接接长、钢筋骨架的焊接、钢筋与钢板的焊接、装配式结构接头焊、用于梁板构件钢筋连接的电弧焊主要有帮条焊和搭接焊。

除了上述连接方式之外，常见的连接方式还有钢筋埋弧压力焊及气压焊等。

技能训练

一、试验目的

检测工程中所用钢筋的连接件工艺是否符合使用要求，指导钢筋的加工，确保钢筋连接准确规范。本次试验以钢筋机械连接件为例。

二、试验器材

(1) 万能(拉力)试验机(设备型号：WE—100A，设备编号：JC—011；设备型号：W—60A，设备编号：JC—021；设备型号：WE—12A，设备编号：JC—041)。

(2) 游标卡尺(精确度为 0.1 mm)。

(3) 钢板尺(精确度 0.5 mm)。

(4) 千分表(精确度为 0.001 mm)。

(5) 引伸计，标距为 50 mm(每一分格值为 0.01～0.002 mm)。

(6) 钢材打印机(分格 5～10 mm)。

三、试样制备

1. 样本大小及抽样方法

接头的现场检验按验收批进行，同一施工条件下采用同一批材料的同等级、同型式、同规格接头。以 500 个接头为一个验收批进行检验验收，不足 500 个也作为一个验收批。对接头的每一验收批，必须在工程结构中随机截取 3 个接头试件作抗拉强度试验，钢筋母材抗拉强度试件不应少于 3 根，且应取自接头试件的同一钢筋。

2. 试样长度

接头试样长度为 $L = 8d + 200$ mm；

L 为接头长度，单位 mm，钢筋母材抗拉强度试样长度为 400～450 mm。

四、试验方法及步骤

1. 屈服强度的测定

(1) 根据钢筋抗拉强度选择相应吨位的试验机。

(2) 测定试样原始横截面积，根据钢筋直径 d_0 确定试件的标距长度，原始标距 $L_0 = 5d_0$(原始标距应精确至标称标距的 ±0.5%)。

(3) 在钢筋的纵肋上标出标距端点，对于短比例试样，应修约到最接近 5 mm 的倍数，对于长比例试样，应修约到最接近 10 mm 的倍数，如为中间数值向较大一方修约。

(4) 试验机测力盘指针调零，并使主、副指针重叠。

(5) 将试件固定在试验机上、下夹头内，试件夹位必须处于垂直状态，机器开始进行拉伸，拉伸速度屈服前，应力增加速度为 10 MPa/s，屈服后，试验机活动夹头在荷载下的移动速度应不大于 0.5l_0/min。

(6) 拉伸中测力盘指针停止转动时的恒定荷载，或第一次回转时最小荷载，即为屈服载荷 P_s。

按下式可求得屈服强度：

$$\sigma_s = \frac{P_s}{S_0} \qquad (6\text{-}10)$$

式中：σ_s——屈服强度，计算精确至 5MPa；

　　　P_s——屈服载荷(N)；

　　　S_0——钢筋原始截面面积(mm^2)。

2. 抗拉强度的测定

测得屈服荷载后，连续加荷直至试件拉断，由测力盘读出最大载荷 P_b。

按下式可求得抗拉强度：

$$\sigma_b = \frac{P_b}{S_0} \qquad (6\text{-}11)$$

式中：σ_b——抗拉强度(MPa)；

　　　P_b——最大载荷(N)；

　　　S_0——钢筋原始横截面面积(mm^2)。

　　　σ_b 计算精确至 5 MPa。

3. 接头抗拉强度的测定

(1) 工程中应用的钢筋机械连接接头，应由该技术提供单位提交有效的形式检验报告。

(2) 钢筋连接工程开始前及施工过程中应对每批进场钢筋进行接头工艺检验，每种规格钢筋的接头试件不应少于 3 根。

(3) 钢筋母材抗拉强度试验的试件不应少于 3 根且应取自接头试件的同一根钢筋。

(4) 根据钢筋抗拉强度选择相应吨位的试验机。

(5) 启动试验机，并将试验机测盘指针调零。

(6) 将试件固定在试验机上，下夹头内试件夹位必须处于垂直状态，开始进行加载。

(7) 单向拉伸加载制度：$(0\text{—}0.6f_{yk}\text{—}0.02f_{yk}\text{—}0.6f_{yk}\text{—}0.02f_{yk}\text{—}0.6f_{yk})$。

五、试验结果评定

接头试件的抗拉强度应符合表 6.9 的规定。

表 6.9　接头试件的抗拉强度

接头等级	I级	II级	III级
抗拉强度	$f_{mst}^{0} \geqslant f_{st}^{0}$ 或 $\geqslant 1.10 f_{uk}$	$f_{mst}^{0} \geqslant f_{uk}$	$f_{mst}^{0} \geqslant 1.35 f_{yk}$
注：f_{mst}^{0}——接头试件实际抗拉强度； 　　f_{st}^{0}——接头试件中钢筋抗拉强度实测值； 　　f_{uk}——钢筋抗拉强度标准值； 　　f_{yk}——钢筋屈服强度标准值			

注：试验中，当试验设备发生故障或操作不当而影响试验数据时，试验结果视为无效。

结果评定：

(1) 3 个接头抗拉强度均不小于被连接钢筋的强度的标准值，验收批次为合格。

(2) 如有一个试件的强度不符合要求，应再取 6 个试件进行复检。复检中仍有 1 个试件的强度不符合要求，则该验收批评为不合格。

六、填写试验报告单

钢筋机械连接检测报告如表 6.10 所示。

表 6.10　钢筋机械连接检测报告

委托单位		报告编号	
接头类型		来样日期	
工程名称	报告范本	委 托 人	
见证单位		见 证 人	
检测依据		样品数量	
检测地点	环境条件	检测类别	委托检验

检测编号 生产厂家	工程部位	钢筋母材		接头试件			
		牌号 公称直径	抗拉强度 标准值	接头 等级	代表批量 检验类别	抗拉强度 /MPa	破坏形式
结　论							
结　论							
结　论							
检测说明	检测结果仅对来样负技术责任。 报告及复印件无检测单位盖章无效。 样品描述: 样品状态: 试验室地址:　　　　　　　　邮政编码:						
批准:	校核:		主检:			检测单位:(盖章) 签发日期:	

任务五　钢材的冲击韧性试验

任务目标

本任务通过测定不同试验温度和条件下钢材的冲击韧性以测定钢材抵抗冲击荷载的能力,要求学生掌握冲击韧性的定义和利用其进行钢材等级划分,能操作试验并完成试验报告单。

一、钢材冲击韧性的影响因素

冲击韧性是指材料抵抗冲击荷载作用的能力。建筑钢材的冲击韧性通过夏比冲击试验来测定。其受以下几个因素影响：

(1) 材料成分：含碳量对钢的韧-脆转化曲线有影响。随着钢中含碳量的增加，冷脆转化温度几乎呈线性上升，且最大冲击值也急剧降低。钢的含碳量每增加0.1%，冷脆转化温度升高约为13.9℃。钢中含碳量的影响，主要归结为珠光体增加了钢的脆性。

(2) 晶粒大小：细化晶粒一直是控制材料韧性避免脆断的主要手段。理论与实验均得出冷脆转化温度与晶粒大小有定量关系。

(3) 显微组织：在给定强度下，钢的冷脆转化温度决定于转变产物。就钢中各种组织来说，珠光体有最高的脆化温度，按照脆化温度由高到低的顺序依次为：珠光体、上贝氏体、铁素体下贝氏体和回火马氏体。

二、化学元素对钢材性能的影响

碳：建筑钢材含碳量不大于0.8%，其基本组织为铁素体和珠光体。当含碳量提高时，钢中的珠光体随之增多，故强度和硬度也相应提高，而塑性和韧性则相应降低。同时，碳是显著降低钢可焊性元素之一，含碳量超过0.3%时的钢可焊性显著降低。碳还可增加钢的冷脆性和时效敏感性，降低抵抗大气锈蚀的能力。

硅：硅是有益元素。在普通碳素钢中，它是一种强脱氧剂，常与锰共同除氧，生产镇静钢。适量的硅，可以细化晶粒，提高钢的强度，而对塑性、韧性、冷弯性能和焊接性能无显著不良影响。硅在一般镇静钢中的含量为0.12%～0.30%，在低合金钢中含量为0.2%～0.55%。过量的硅恶化焊接性能和抗锈蚀性能。

磷：磷主要来自冶炼时炉料中的生铁。钢中含磷使钢的塑性降低，可焊性变差，产生冷脆现象，所以钢中必须严格限制磷的含量。

硫：硫是冶炼钢时，由原料和燃料进入钢中的有害杂质。在钢水中硫与铁形成FeS，FeS塑性差，使钢产生热脆性，故钢中也必须严格限制硫的含量。但当钢含有一定的锰时，锰与硫可形成MnS，可减轻硫的有害作用。

锰：锰是有益元素。在普通碳素钢中，它是一种弱脱氧剂，可提高钢材强度，消除硫对钢的热脆影响，改善钢的冷脆倾向，同时不显著降低塑性和韧性。锰还是我国低合金钢的主要合金元素，其含量为0.8%～1.8%。但锰对焊接性能不利，因此含量也不宜过多。

钛、钒、铌等元素：可在钢中形成微细碳化物，适量加入能起细化晶粒和弥散强化作用，从而提高钢材的强度和韧性，又可保持良好的塑性。

铝：强脱氧剂，还能细化晶粒，可提高钢的强度和低温冲击韧性，合格保证的低合金钢中,其含量不小于 0.015%。

　　铜和铬、钼等元素:可在金属基体表面形成保护层,提高钢对大气的抗腐蚀能力,同时保持钢材具有良好的焊接性能。在我国的焊接结构用耐候钢中,铜的含量为 0.20%~0.40%。

技能训练

一、试验目的

　　检测指定温度下的钢材单位截面面积上能承受的冲击功,以此确定钢材的冲击韧性指标等级,判断钢材的温度适用性。

二、试验器材

　　(1) 冲击试验机。

　　(2) 游标卡尺。

　　(3) U 形缺口试件,如图 6-8 所示。

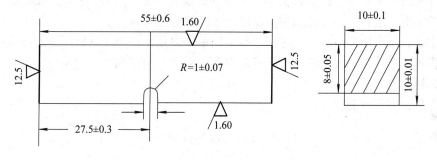

图 6-8　U 形缺口试件(单位:mm)

三、试验原理

1. 原理

　　材料抗冲击的能力用冲击韧度来表示。冲击试验的分类方法较多,从温度上分,有高温、常温、低温三种;从受力形式上分,有冲击拉伸、冲击扭转、冲击弯曲和冲击剪切;从能量上分,有大能量一次冲击和小能量多次冲击。材料力学试验中的冲击试验是常温简支梁的大能量一次冲击试验。首先把金属材料按照 GB/1229—1994 加工成 V 形缺口或 U 形缺口试样。

　　实验时,把试样放在试验机的基座上,使缺口断面的弯矩最大,且缺口处在冲弯受拉边,冲击荷载作用点在缺口背面。试样冲断后,从冲击试验机上记录最大能量 A_K 值。A_K 为试样的冲击吸收功,单位为焦耳(J)。A_0 为试样缺口处的最小横截面积。习惯上试样的冲击韧度定义为

$$a_K = \frac{A_K}{A_0} \tag{6-12}$$

　　a_K 是一个综合参数，不能直接应用于具体零件的设计，单位是 J/cm^2。另外，K 值对材料的脆性和组织中的缺陷十分敏感，它能灵敏地反映材料品质、宏观缺陷和显微组织方面的微小变化。因此，一次冲击试验又是生产上用来检验材料的脆化倾向和材料品质的有效方法。A_K 是试样内发生塑性变形的材料所吸收的能量，它应与发生塑性变形的材料体积有关，而 A_0 是缺口处的横截面面积，a_K 的物理意义不明确。因此，国标规定用 A_K 衡量材料抗冲击的能力，是有明确的物理意义的。

　　在试样上制作缺口的目的是为了在缺口附近造成应力集中，使塑性变形局限在缺口附近不大的体积范围内，并保证试样一次在缺口处就被冲断。由于 a_K 值对缺口的形状和尺寸十分敏感，缺口越深，a_K 值越低，材料脆性程度越严重。所以同种材料不同缺口的 a_K 值是不能互相换算和直接比较的。根部附近 M 点处有三向不等的拉应力，冲击时，根部形成很高的应变速率。而试样材料的变形又跟不上加载引起的应变速率，综合作用突出了材料的脆化倾向，且这种倾向主要是由缺口引起的。冲击只有在有缺口的情况下才起作用，因为冲击时缺口周围区域产生塑性变形而松弛应力集中的过程来不及进行。因此，塑性材料的缺口试样在冲击荷载的作用下，一般都呈现脆性破坏的方式。试验表明，缺口形状、试样尺寸和材料的性质等因素都会影响断口附近参与塑性变形的体积，因此冲击试验必须在规定的标准下进行。本试验采用 GB/I229—1994 标准。

　　冲击试验要在冲击试验机上进行。利用能量守恒定律，冲断试验所需的能量是试样冲断前后摆锤的势能差。实验时只要把试样放在 A 处，摆锤抬高到一定高度后自由放开，就会打断试样。

　　那么摆锤的起始势能为

$$E_1 = GH = GL(1-\cos\alpha) \tag{6-13}$$

　　冲断试样后摆锤的势能为

$$E_2 = Gh = GL(1-\cos\beta) \tag{6-14}$$

　　试样冲断所消耗的冲击能量为

$$A_K = E_1 - E_2 = GL(\cos\beta - \cos\alpha) \tag{6-15}$$

式中：G——摆锤重力；

　　　L——摆锤长度；

　　　α——摆锤起始角度；

　　　β——冲断后摆锤因惯性扬起的角度。

　　冲击试验机必须具有一个刚性较好的底座和机身，如图 6-9 所示。机身上安装有摆锤、表盘和指针等。表盘和摆锤质量根据试样承载能力大小选择，一般备有两个规格的摆锤供试验时使用。

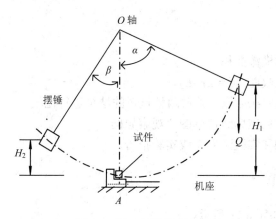

图 6-9　冲击试验机原理图

　　摆锤通过人力或电动机自动抬起挂在控制钩上，松开挂钩摆锤就会自由下摆打击试件。试件打断后，用制动手柄刹车使摆锤停摆，表盘指针所指示的值即为冲断试件所消耗的能量。

2. 样坯的切取

　　(1) 样坯应在外观及尺寸合格的钢材上切取。

　　(2) 切取样坯时，应防止因受热、加工硬化及变形而影响其力学及工艺性能。用烧割法切取样坯时，从样坯切割线至试样边缘必须留有足够的加工余量，一般应不小于钢材的厚度或直径，但最小不得少于 20 mm。对厚度或直径大于 60 mm 的钢材，其加工余量可根据双方协议适当减小。

　　(3) 在钢板、扁钢及工字钢、槽钢、角钢、乙字钢、T 字钢和球扁钢上切取冲击样坯时，应在一侧保留表面层，冲击试样缺口轴线应垂直于该表面层，如图 6-10 所示。

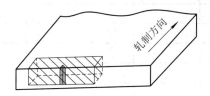 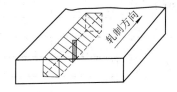

图 6-10　试样图示

四、试验方法及步骤

　　(1) 测量试件缺口处的截面尺寸，测 3 次，取平均值。

　　(2) 选择试验机度盘和摆锤大小。

　　(3) 冲击试验机空打 3 次，取平均值，记为 E_1。

　　(4) 安装冲击试件，注意缺口对中，并处于受拉边。

　　(5) 抬起摆锤并用控制钩挂住，指针靠在摆杆上。

　　(6) 脱开挂钩冲断试件。

　　(7) 刹车停摆，记录度盘最终示值 E_2。

　　(8) 整理工具，清扫现场。

五、试验结果评定

(1) 计算缺口处的横截面积。

(2) 计算试件的吸收能 $A_K = E_1 - E_2$。

(3) 利用式(6-12)计算 a_K 值，并对两种材料的结果进行比较。

(4) 画出两种材料的破坏断口草图，观察异同。

(5) 根据实验目的和实验结果完成实验报告。

六、填写试验报告单

冲击韧性试验单如表 6.11 所示。

表 6.11　冲击韧性试验单

材料等级 Q345	厚　度	宽　度	冲击功	试件断口(草图)	试验温度/℃
Q345E					
Q345D					
Q345C					
Q345B					
Q345A					

项　目　拓　展

一、建筑用钢

建筑用钢可以分为钢结构用钢材及主建用钢材，具体可分为型钢类、钢板类、钢管类和钢丝 4 大类别。建筑钢材和水泥、木材合称为建筑三材。

钢结构用钢材主要为低合金钢(Q345 系列)及碳素结构钢(Q235 系列)。部分重要结构设计中要求钢材采用带有 Z15、25、235 等 Z 向性能要求的材料。轻钢主结构多采用 Q235 材料，重钢主结构多采用 Q345 材料，预埋地脚螺栓多采用 Q235 圆钢，拉条多为热轧钢筋，另外，角钢、槽钢、H 型钢等型钢也有少量使用。土建钢材主要为螺纹钢、圆钢、线材及型钢等。

1. 型钢类

型钢是一种具有一定截面形状和尺寸的条形钢材。按其断面形状又可分为工字钢、槽钢、角钢、L 形钢。

1) 工字钢

工字钢也称钢梁，是截面为工字形的长条钢材。如图 6-11 所示，工字钢分普通工字钢、轻型工字钢和 H 型钢 3 种。工字钢广泛用于各种建筑结构、桥梁、车辆、支架、机械等。工字钢规格用型号(号数)表示，型号表示高度的厘米数，如高度为 160 mm 的工字钢型号为 I16。高度相同的工字钢，如有几种不同的外伸肢宽和腹板厚度，需在型号右边加标码(称角码)a 或 b 或 c 予以区别，如 I30a、I30b、I30c 等。

a：表示在工字钢同一型号中其腹板最薄、肢宽最窄，每米理论质量最轻。

b：表示在工字钢同一型号中其腹板厚、肢宽尺寸适中，每米理论质量适中。

c：表示在工字钢同一型号中其腹板最厚、肢宽最宽，每米理论质量最重。

图 6-11　工字钢

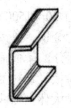

图 6-12　槽钢

热轧工字钢的规格范围为 $10^{\#}\sim63^{\#}$。

2) 槽钢

槽钢是截面为凹槽形，肢内侧有斜度的长条钢材，如图 6-12 所示。规格表示方法同工字钢，用其截面的主要轮廓尺寸来表示。即以高度(h) × 腿宽度(b) × 腰厚度(d)的毫米数表示，如 140 × 58 × 6，表示高度为 140 mm、腿宽度为 58 mm，腰厚度为 6 mm 的槽钢。也可以用型号(号数)表示，型号表示高度的厘米数，高度相同的槽钢，如有几种不同的腿宽度和腰厚，也可以在型号右边加标码(也称角码)a 或 b 或 c 予以区别，如 24a、24b、24c 等，按照标码 a、b、c 的顺序，同一型号槽钢的腿宽度、腰厚度尺寸依次增加。

3) 角钢

角钢俗称角铁，如图 6-13 是两边互相垂直成角形的长条钢材。角钢有等边和不等边角钢之分，等边角钢的两个边宽相等。其规格以边长×边宽×边厚的毫米数表示，如"∠30 × 30 × 3"即表示长、宽为 30 mm，边厚为 3 mm 的等边角钢；也可用型号表示，型号是边宽的厘米数，如∠$3^{\#}$。不等边角钢的规格以边长×边宽×边厚的毫米数表示，如"∠63 × 40 × 5"，即表示边长为 63 mm，边宽为 40 mm，边厚为 5 mm 的不等边角钢；也可用型号表示，型号是边宽的厘米数，即"∠6.3/4"。同一号角钢常有 2～7 种不同的边厚，一般长 12.5 cm 以上的为大型角钢，边长为 5～12.5 cm 为中型角钢，边长 5 cm 以下的为小型角钢。热轧等边角钢的规格范围为 $2^{\#}\sim25^{\#}$、热轧不等边角钢的规格范围为 $2.5/1.6^{\#}\sim20/12.5^{\#}$。

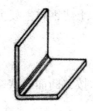　　　　　　　　　　　　

图 6-13　等边角钢　　　　　　　　　　图 6-14　L 形钢

4）L 形钢

L 形钢是截面为 L 形的长条钢材，如图 6-14 所示。其规格以边长×边宽×边厚×短边厚度的毫米数表示，如"L250×90×9×13"，即表示边长为 250 mm、边宽为 90 mm、长边厚度为 9 mm、短边厚度为 13 mm 的 L 形钢。

2. 钢板类

钢板是矩形平板状的，可直接轧制或由宽钢带剪切而成。

钢板按厚度分：薄钢板，厚度小于 4 mm(最薄为 0.2 mm)；厚钢板，厚度为 4～60 mm；特厚钢板，厚度为 60～115 mm。按轧制工艺分类，分为热轧钢板和冷轧钢板。

薄板的宽度为 50～1500 mm，厚板的宽度为 600～3000 mm。薄板按照钢种分，有普通钢、优质钢、含金钢、弹簧钢、不锈钢、工具钢、耐热钢、轴承钢、硅钢和工业纯铁薄板等；按专业用途分，有油桶用板、搪瓷用板、防弹用板等；按表面涂层分，有镀锌薄板、镀锡薄板、镀铅薄板、塑料复合钢板等。

厚钢板的钢种大体上和薄钢板相同。在品种方面，除了桥梁钢板、锅炉钢板、汽车制造钢板、压力容器钢板和多层高压容器钢板等品种纯属厚板外，有些品种的钢板如汽车大梁钢板(厚 2.5～10 mm)、花纹钢板(厚 2.5～8 mm)、不锈钢板、耐热钢板等品种是同薄板交叉的。

3. 钢管类

钢管按生产方法可分为两大类：无缝钢管和有缝钢管。

有缝钢管即焊接钢管，是用钢板或钢带经过卷曲成型后焊接制成的钢管。焊接钢管生产工艺简单，生产效率高，品种规格多，设备投资少，但一般强度低于无缝钢管。

无缝钢管是一种具有中空截面、周边没有接缝的长条钢材，无缝钢管具有中空截面，可用作输送流体的管道，如输送石油、天然气、煤气、水及某些固体物料的管道等。无缝钢管与圆钢等实心钢材相比，在抗弯抗扭强度相同时，质量较轻，是一种经济截面钢材。

二、钢筋的品种与规格

1. 热轧带肋钢筋

根据《钢筋混凝土用钢　第 2 部分：热轧带肋钢筋》(GB1499.2—2008)的规定，常用热轧带肋钢筋的直径为 6～50 cm，常用热轧光圆钢筋的直径范围为 6～20 cm。其公称截面面积可根据圆形截面的面积公式求得。在计算钢筋质量时，每米钢筋理论质量计算公式为 $m = 0.006\,17D^2$。常用热轧带肋钢筋的规格见表 6.12。

表 6.12　热轧带肋钢筋的公称横截面面积与理论质量

公称直径/mm	公称横截面面积/mm²	理论重量/(kg·m⁻¹)	理论质量公式
6	28.27	0.222	
8	50.27	0.395	
10	78.54	0.617	
12	113.1	0.888	
14	153.9	1.21	
16	201.1	1.58	
18	254.5	2.00	每米钢筋理论
20	314.2	2.47	质量计算公式
22	380.1	2.98	$m = 0.006\,17D^2$
25	490.9	3.85	
28	615.8	4.83	
32	804.2	6.31	
36	1018	7.99	
40	1257	9.87	
50	1964	15.42	

注：表中理论质量按密度为 7.85 g/cm³ 计算。

2. 冷轧带肋钢筋

冷轧带肋钢筋应符合国家标准《冷轧带肋钢筋》(GB13788—2000)的规定。650 级和 800 级钢筋应成盘供应，成盘供应的钢筋每盘应由一根组成；550 级钢筋可成盘或成捆供应，直条成捆供应的钢筋每捆应由同一炉号组成，且每捆质量不宜大于 500 kg。冷轧带肋钢筋的尺寸及质量见表 6.13。

表 6.13　冷轧带肋钢筋的公称横截面面积与理论质量

公称直径/mm	公称横截面面积/mm²	理论质量/(kg·m⁻¹)	理论质量公式
4	12.6	0.099	
4.5	15.9	0.125	
5	19.6	0.154	
5.5	23.7	0.186	
6	28.3	0.222	
6.5	33.2	0.261	
7	38.5	0.302	
7.5	44.2	0.347	
8	50.3	0.395	每米钢筋理论质量
8.5	56.7	0.445	$m = 0.006\,17D^2$
9	63.6	0.499	
9.5	70.8	0.556	
10	78.5	0.617	
10.5	86.5	0.679	
11	95.0	0.746	
11.5	103.8	0.815	
12	113.1	0.888	

三、钢材的热处理

钢材的热处理是通过对钢进行加热、保温、冷却等来改变钢材组织结构，以达到改善性质的一种工艺。常用热处理工艺有正火、退火、淬火、回火。

1. 正火

正火又称常化，是将工件加热至 A_{c3} 或 A_{cm} 以上 $40℃\sim60℃$，保温一段时间后，从炉中取出在空气中喷水、喷雾或吹风冷却的金属热处理工艺。其目的是使晶粒细化和碳化物分布均匀化，去除材料的内应力，降低材料的硬度。

2. 退火

退火是一种金属热处理工艺，指的是将金属缓慢加热到一定温度，保持足够时间，然后以适宜的速度让其冷却。其目的是降低硬度，改善切削加工性；消除残余应力，稳定尺寸，减少变形与裂纹倾向；细化晶粒，调整组织，消除组织缺陷。

3. 淬火

淬火是将金属工件加热到某一适当温度并保持一段时间，随即浸入淬冷介质中快速冷却的金属热处理工艺，常用的淬冷介质有盐水、水、矿物油、空气等，淬火可以提高金属工件的硬度及耐磨性。

4. 回火

回火是将淬火钢加热到奥氏体转变温度以下，保持 $1\sim2$ h 后冷却的工艺。回火往往与淬火相伴，并且是热处理最后一道工序。经过回火，钢的组织趋于稳定，淬火钢的脆性降低，韧性与塑性提高，消除或者减少了淬火应力，稳定钢的形状和尺寸，防止淬火零件变形和开裂，高温回火还可以改善切削加工性能。

项 目 小 结

钢是以铁为主要元素，含碳量一般在 2%以下并含有其他元素的材料。钢材是钢锭、钢坯通过压力加工制成我们所需要的各种形状、尺寸和性能的材料。钢材按化学成分可分为非合金钢、低合金钢以及合金钢三大类。钢的冶炼方法有氧气转炉法、平炉法及电炉法三种，电炉法冶炼的钢质量最好，但成本高，多用来冶练合金钢，我国建筑钢材主要是用氧气转炉法和平炉法冶炼。

本项目通过对常用钢材的各种工程性能进行检测和试验，重点让学生能解释钢筋拉伸、钢筋冷弯等试验过程产生的现象；并能判断及确定钢材的屈服强度、抗拉强度及完成相应钢材性能指标的计算；绘制材料性能曲线和正确填写试验报告。

1. 钢材的基本认识

(1) 钢材的类型及分类；

(2) 钢筋的类型及分类。

2. 钢筋的性能

(1) 钢筋的尺寸、质量；

(2) 钢筋的拉伸性能；

(3) 钢筋的冷弯性能；

(4) 钢筋连接件连接性能；

(5) 钢材的冲击韧性。

思 考 与 练 习

一、填空题

1. 钢材按化学成分可分为_____、_____和_____。

2. 钢的冶炼方法有_____、_____和_____。

3. 型钢是一种具有一定_____和尺寸的条形钢材。按其断面形状又可分为_____、_____、_____和_____。

4. 冷轧带肋钢筋分为 4 个牌号：_____、_____、_____和_____。_____为普通钢筋混凝土用钢筋，其他牌号为预应力混凝土用钢筋。

二、单选题

1. 按钢液脱氧程度的不同，非合金钢(也称碳素钢)分为沸腾钢、镇静钢、半镇静钢及(　　)。

A. 工字钢　　　　　B. 槽钢　　　　　C. 特殊镇静钢　　　D. 角钢

2. 国标规定建筑用钢材以(　　)作为钢材的屈服强度。

A. δ_s　　　　　B. $\delta_{0.2}$　　　　　C. 屈服极限　　　D. 抗拉强度

3. 热轧带肋钢筋是经热化成型，横截面通常为圆形且表面带肋的混凝土结构用钢材，按屈服强度特征值分为(　　)、400、500 共三级。

A. 300　　　　　B. 235　　　　　C. 335　　　　　D. 210

4. 同种钢筋的塑性通常用伸长率和冷弯率表示，下列关于伸长率说法正确的是(　　)。

A. $\delta_5 = \delta_{10}$　　　B. $\delta_5 > \delta_{10}$　　　C. $\delta_5 < \delta_{10}$　　　D. 无法比较

5. 钢材随着时间的延长，强度、硬度提高，而塑性、韧性下降的现象称为(　　)。

A. 冷加工　　　　　B. 强度增加　　　　C. 时效　　　　D. 伸长率和冷弯率下降

三、简答题

1. 化学元素对钢材性能的影响有哪些？

2. 何谓钢材的冷加工和时效性，钢材经过冷加工和时效处理后性能如何变化？

实训项目七　防水材料性能与检测

项目分析

本项目对常用防水材料进行工程性能检测和试验，要求学生认识防水材料的组成，了解防水材料的应用，能进行防水卷材及涂料的各项性能试验并正确填写试验报告。

本项目需要完成以下任务：

(1) 沥青针入度试验。

(2) 沥青延度试验。

(3) 沥青软化点试验。

(4) 防水卷材试验。

(5) 防水涂料试验。

知识目标

(1) 了解沥青针入度、延度、软化点的概念。

(2) 了解防水卷材的分类及应用。

(3) 了解防水涂料的分类及应用。

能力目标

(1) 掌握沥青基本物理性能指标的试验方法和步骤。

(2) 掌握防水卷材的断裂拉伸强度和拉断伸长率测定方法。

(3) 掌握防水涂料成膜后的撕裂强度和拉伸强度测定方法。

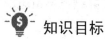

任务一　沥青针入度试验

任务目标

本任务对不同沥青进行针入度试验，掌握不同标号沥青的黏稠度划分方法，能正确填写检测报告单。

一、针入度的概念

沥青针入度是在规定温度(25℃)和规定时间(5 s)内，附加一定质量的标准针(100 g)垂直贯入沥青试样中的深度，单位为 0.1 mm。

二、黏滞性分类与表示方法

黏滞性指沥青材料在外力作用下，沥青粒子产生相互位移时抵抗变形的性能。沥青在常温下状态不同，黏滞性的指标也不同。对于常温下呈固体或半固体的石油沥青，以针入度来表示；对于常温下呈液体的石油沥青，以黏滞度来表示。

黏滞度是在规定温度(25℃或60℃)条件下，通过规定流孔直径(3 mm、5 mm 或 10 mm)流出 50 cm^3 沥青所需要的时间，以 s 表示。常用符号" $C_t^d T$ "来表示，d 为流孔直径，t 为试样温度，T 为流出 50 cm^3 沥青的时间。黏滞度越大，则沥青的黏滞性也越大。

石油沥青黏滞性的大小与其组分的相对含量及温度有关。如地沥青质含量较多，则黏滞性大；温度下降，黏滞性随之增加；反之降低。

一、检测目的

通过针入度的测定掌握不同沥青的黏稠度测定方法及沥青标号的划分。

二、检测器材

(1) 针入度试验仪：凡能保证针和针连杆在无明显摩擦下垂直运动，并能指示针贯入深度准确至 0.1 mm 的仪器均可使用。它的组成部分有拉杆、刻度盘、按钮、针连杆组合件，如图 7-1 所示。其总质量为(100 ± 0.05)g。仪器操作部件有：调节试样高度的升降操作机件，调节针入度试验仪水平的螺旋，可自由转动调节距离的悬臂。

自动针入度试验仪与其基本要求相同，但应附有对计时装置的校正检验方法，以便经常校验。

(2) 标准针：由硬化回火的不锈钢制成，洛氏硬度为 HRC54～60，针及针杆总质量为(2.5 ± 0.5)g，针杆上打印有号码标志。应对针妥善保管，防止碰撞针尖，使用过程中应当经常检验，并附有计量部门的检验单。

图 7-1　针入度试验仪

(3) 盛样皿：金属制的圆柱形平底容器。小盛样皿的内径为 5 mm，深为 35 mm(适用于针入度小于 200 的试样)；大盛样皿内径为 70 mm，深为 45 mm(适用于针入度为 200～350 的试样)；对于针入度大于 350 的试样，需使用特殊盛样皿，其深度不小于 60 mm，试样体积不少于 125 mL。

(4) 恒温水槽：容量不少于 10 L，控温精度为 ±0.1℃。水中应设有一带孔的搁板(台)，位于水面下不少于 100 mm，距水槽底不得少于 50 mm 处。

(5) 平底玻璃皿：容量不少于 1 L，深度不少于 80 mm。内设不锈钢三脚支架，能使盛样皿稳定。

(6) 温度计：0℃～50℃，分度为 0.1℃。

(7) 秒表：分度为 0.1 s。

(8) 盛样皿盖：平板玻璃，直径不小于盛样皿开口尺寸。

(9) 溶剂：三氯乙烯等。

(10) 其他：电炉或砂溶、石棉网、金属锅或瓷把坩埚等。

三、对象选取

液体沥青样品常规检验取样量为 lL(乳化沥青为 4 L)，固体或半固体样品取样量为 1～2 kg。本试验主要选取固体或半固体样品。

四、检测方法及步骤

(1) 将恒温水槽调到要求的温度 25℃，保持稳定。

(2) 将试样放在放有石棉垫的炉具上缓慢加热，时间不超过 30 min，用玻璃棒轻轻搅拌，防止局部过热。加热脱水温度，石油沥青不超过软化点温度 100℃，煤沥青不超过软化点温度 50℃，沥青脱水后通过 0.6 mm 滤筛过筛。

(3) 将试样注入盛样皿中，高度应超过预计针入度值 10 mm，盖上盛样皿盖，防止落入灰尘。在 15℃～30℃室温中冷却 1～1.5 h(小盛样皿)，或者 2～2.5h(特殊盛样皿)后，再将其移入保持规定试验温度 ±0.1℃的恒温水槽中恒温 1～1.5 h(小盛样皿)、1.5～2 h(大盛样皿)或者 2～2.5 h(特殊盛样皿)。

(4) 调整针入度试验仪使之水平。检查针连杆和导轨，以确认无水和其他外来物，无明显摩擦。用氯乙烯或其他溶剂清洗标准针，并擦干。将标准针插入针连杆，用螺丝固紧。按试验条件，加上附加砝码。

(5) 取出达到恒温的盛样皿，并移入水温控制在试验温度 ±0.1℃(可用恒温水槽中的水)的平底玻璃皿中的三脚支架上，试样表面以上的水层深度不少于 10 mm。

(6) 将盛有试样的平底玻璃皿置于针入度试验仪的平台上。慢慢放下针连杆，用适当位置的反光镜或灯光反射观察，使针尖恰好与试样表面接触。拉下刻度盘的拉杆，使其与针连杆顶端轻轻接触，调节刻度盘或深度指示器的指针使其指示为零。

(7) 开动秒表，在指针正指 5 s 的瞬间，用手紧压按钮，使标准针自动下落贯入试样，经规定时间，停压按钮使针停止移动。拉下刻度盘拉杆与针连杆顶端接触，读取刻度盘指针或位移指示器的读数，即为针入度，准确至 0.5(0.1 mm)。当采用自动针入度试验仪时，计时与标准针落下贯入试样同时开始，至 5 s 时自动停止。

(8) 同一试样平行试验至少 3 次，各测试点之间及与盛样皿边缘的距离不应少于 10 mm。每次试验后应将盛有盛样皿的平底玻璃皿放入恒温水槽，使平底玻璃皿中水温保持试验温度，每次试验应换一根干净的标准针或将标准针取下用蘸有三氯乙烯溶剂的棉花或布揩净，再用干棉花或布擦干。

(9) 测定针入度大于 200 的沥青试样时，至少用 3 支标准针，每次试验后将针留在试样中直至 3 次平行试验完成后，才能将标准针取出。

五、检测结果评定

(1) 同一试样的 3 次平行试验结果的最大值与最小值之差在允许偏差范围(表 7.1)内时，计算 3 次试验结果的平均值，取整数作为针入度试验结果，以 0.1 mm 为单位。当试验结果超出表 7.1 所规定的范围时，应重新进行试验。

表 7.1 针入度允许差值表

针入度(0.1 mm)	0～49	50～149	150～149	250～500
允许差值(0.1 mm)	2	4	12	20

(2) 当试验结果小于 50(0.1 mm)时，重复性试验的允许差不超过 2(0.1 mm)，复现性试验的允许差不超过 4(0.1 mm)。

(3) 当试验结果等于或大于 50(0.1 mm)时，重复性试验的允许差不超过平均值的 4%，复现性试验的允许差不超过平均值的 8%。

六、完成检测报告单

(1) 根据沥青的标号选择盛样皿，试样深度应大于预计穿入深度 10 mm，不同的盛样皿其在恒温水浴中的恒温时间不同。

(2) 测定针入度时，水温应当控制在(25 ± 1)℃范围内，试样表面以上的水层高度不小于 10 mm。

(3) 测定时针尖应刚好与试样表面接触，必要时用放置在合适位置的光源反射来观察，使活杆与针连杆顶端相接触，调节针入度刻度盘使指针为零。

(4) 在 3 次重复测定时，各测定点之间与试样皿边缘之间的距离不应小于 10 mm。

(5) 3 次平行试验结果的最大值与最小值应在规定的允许差值范围内，若超过规定差值，应重新做试验。

沥青针入度试验记录见表 7.2。

表 7.2 沥青针入度试验记录

试验温度 /℃	试针荷重 /g	贯入时间 /s	刻度盘初读数	刻度盘终读数	针入度(0.1mm)	
					测定值	平均值

续表

试验温度 /℃	试针荷重 /g	贯入时间 /s	刻度盘初读数	刻度盘终读数	针入度(0.1mm)	
					测定值	平均值

结论：

记录人：	试验人：	审核人：	试验日期：

任务二　沥青延度试验

任务目标

本任务测定沥青的延度，要求学生熟悉试验步骤，掌握独立测定沥青承受塑性变形的能力，并完成试验报告单。

知识链接

一、沥青延度的概念

沥青延度是规定形状的试样在规定温度(25℃)条件下以规定拉伸速度(5 cm/min)拉至断开时的长度，以 cm 表示。通过延度试验可测定沥青能够承受的塑性变形总能力。延度越大，则沥青的塑性越好。

石油沥青的塑性与其组分、温度、厚度及拉伸速度有关。当树脂含量较多，且其他组分含量又适当时，则塑性较大；温度升高，塑性增大；膜层厚度越厚，塑性越大；拉伸速度越快，塑性越大。

二、沥青延度的测试方法

将熔化的试样注入专用模具中，先在室温将其冷却，然后再将其放入保持在试验温度下的水浴中冷却，用热刀削去高出模具的试样，把模具重新放回水浴，再经一段时间后，将其移到延度仪中进行试验。记录沥青试件在一定温度下以一定速度拉伸至断裂时的长度。试件应符合规定的尺寸。非经特殊说明，试验温度为(25 ± 0.5)℃，拉伸速度为(5 ± 0.25) cm/min。

技能训练

一、试验目的

通过延度试验测定沥青材料能够承受的塑性变形能力，判断沥青延度是否满足使用要求。

二、试验器材

(1) 延度试验仪：将试件浸没于水中，能保持规定的试验温度及按照规定拉伸速度拉伸试件，且试验时无明显振动的延度试验仪均可使用，如图 7-2 所示。

图 7-2　延度试验仪

(2) 延度试模：黄铜制，由试模底板、两个端模和两个侧模组成，延度试模可从试模底板上取下。

(3) 恒温水槽：容量不少于 10 L，控制温度的准确度为 ±0.1℃，水槽中应设有带孔搁架，搁架距水槽底不得少于 50 mm。试件浸入水中深度不小于 100 mm。

(4) 温度计：0℃～50℃，分度为 0.1℃。

(5) 甘油滑石粉隔离剂(甘油与滑石粉的质量比为 2∶1)。

(6) 其他：平刮刀、石棉网、酒精、食盐等。

三、试样制备

(1) 将模具组装在支撑板上，将隔离剂涂于支撑板表面及侧模的内表面，以防沥青粘在模具上。板上的模具要水平放好，以便模具的底部能够充分与板接触。

(2) 小心加热样品，充分搅拌以防局部过热，直到样品容易倾倒。石油沥青加热温度不超过预计石油沥青软化点 90℃；煤焦油沥青样品加热温度不超过煤焦油沥青预计软化点 60℃。样品的加热时间在不影响样品性质和在保证样品充分流动的基础上尽量短。将熔化后的样品充分搅拌之后倒入模具中，在组装模具时要小心，不要弄乱了配件。在倒样时使试样呈细流状，自模的一端至另一端往返倒入，使试样略高出模具，将试件在空气中冷却 30～40 min，然后放在规定温度的水浴中保持 30 min 后取出，用热的直刀或铲将高出模具的沥青刮出，使试样与模具齐平。

(3) 恒温：将支撑板、模具和试件一起放入水浴中，并在试验温度下保持 85～95 min，然后从板上取下试件，拆掉侧模，立即进行拉伸试验。

四、试验方法及步骤

(1) 将隔离剂拌和均匀，涂于清洁干燥的试模底板和两个侧模的内侧表面，并将试模在试模底板上装妥。

(2) 将加热脱水的沥青试样，通过 0.6 mm 筛过滤，然后将试样仔细自试模的一端至另一端往返数次缓缓注入模中，最后使试样略高出试模，灌模时应注意勿使气泡混入。

(3) 试件在室温中冷却 30～40 min，然后将其置于规定试验温度 ±0.1℃ 的恒温水槽中，保持 30 min 后取出，用热刮刀刮除高出试模的沥青，使沥青面与试模面齐平。沥青的刮法应自试模的中间刮向两端，且表面应刮平滑。将试模连同底板再浸入规定试验温度的水槽中 1～1.5 h。

(4) 检查延度试验仪延伸速度是否符合规定要求，然后移动滑板使其指针正对标尺的零点，给延度试验仪注水，并保温达试验温度 ±0.5℃。

(5) 将保温后的试件连同底板移入延度试验仪的水槽中，然后将盛有试样的试模自玻璃板或不锈钢板上取下，将试模两端的孔分别套在滑板及槽端固定板的金属柱上并取下侧模。水面距试件表面应不小于 25 mm。

(6) 开动延度试验仪，并注意观察试样的延伸情况，此时应注意，在试验过程中，水温应始终保持在试验温度规定范围内，且仪器不得有振动，水面不得有晃动，当水槽采用循环水时，应暂时中断循环，停止水流。在试验中，如发现沥青细丝浮于水面或沉入槽底时，则应在水中加入酒精或食盐，调整水的密度至与试样相近后，重新试验。

(7) 试件拉断时，读取指针所指标尺上的读数，以 cm 表示，在正常情况下，试件延伸时应成锥尖状，拉断时实际断面接近于零。如不能得到这种结果，则应在报告中注明。

五、试验结果评定

同一试样，每次平行试验不少于 3 个，如 3 个测定结果均大于 100 cm，试验结果记作"＞100 cm"；特殊需要也可分别记录实测值。如 3 个测定结果中，有一个以上的测定值小于 100 cm 时，若最大值或最小值与平均值之差满足重复性试验精度要求，则取 3 个测定结果的平均值的整数作为延度试验结果，若平均值大于 100 cm，记作"＞100 cm"。若最大值或最小值与平均值之差不符合重复性试验精度要求，则试验应重新进行。

当试验结果小于 100 cm 时，重复性试验精度的允许差为平均值的 20%；复现性试验的允许差为平均值的 30%。

六、填写试验报告单

(1) 按照规定方法制作延度试件，应当满足试件在空气中冷却和在水溶液中保温的时间。

(2) 检查延度试验仪拉伸速度是否符合要求，移动滑板是否能使指针对准标尺零点，检查水槽中水温是否符合规定温度。

(3) 拉伸过程中水面应距试件表面不小于 25 mm，如发现沥青丝浮于水面则应在水中加入酒精，若发现沥青丝沉入槽底则应在水中加入食盐，调整水的密度至与试样的密度接近后再进行测定。

(4) 试样在断裂时的实际断面应为零，若得不到该结果，则应在报告中注明在此条件下无测定结果。

(5) 3 个平行试验结果的最大值与最小值之差应满足重复性试验精度的要求，沥青延度试验记录见表 7.3。

表 7.3　沥青延度试验记录

试验温度/℃	试验速度/(cm·min⁻¹)	测定值/mm	平均值/mm
记录人：	试验人：	审核人：	试验日期：

任务三　沥青软化点试验

任务目标

本任务测定沥青的软化点，要求学生掌握试验步骤，能完成试验报告单，并评价沥青的温度稳定性。

知识链接

一、软化点的概念

　　沥青的软化点是试样在规定尺寸的金属环内，放置规定尺寸和质量的钢球，放于水(5℃)或甘油(32.5℃)中，以(5±0.5)℃/min速度加热，至钢球下沉达到规定距离(25.4 cm)时的温度，以℃表示，它在一定程度上表示沥青的温度稳定性。

二、软化点的测定方法

　　沥青的温度敏感性用软化点来表示，用软化点测定仪来测定。将沥青熔化，注入标准铜环内，冷却后在试样上放一标准钢球，置于水(软化点低于80℃)或甘油(软化点高于80℃)中，以规定的升温速度(5℃/min)加热，当沥青软化下垂至规定距离(25 mm)时的温度即为软化点。软化点越高，则沥青的温度敏感性越小。

　　沥青的温度敏感性与其组分及含蜡量有关。沥青中地沥青质含量较多，其温度敏感性较小；沥青中含蜡量较多，其温度敏感性较大。

技能训练

一、试验目的

　　通过延度试验测定沥青软化点，用以表征和评价沥青的温度稳定性。

二、试验器材

　　(1) 软化点试验仪：软化点试验仪由耐热玻璃烧杯、金属支架、钢球、试样环、钢球定位环、温度计等部件组成，如图7-3所示。耐热玻璃烧杯容量为800～1000 mL，直径不少于86 mm，高不少于120 mm，金属支架由两个主杆和三层平行的金属板组成。上层为一圆盘，直径略大于烧杯直径，中间有一圆孔，用以插放温度计。中层板上有两个孔，各放置金属环，中间有一小孔可支持温度计的测温端部，一侧立杆距环上面51 mm处刻有水高标记。环下面距下层底板为25.4 mm，而下底板距烧杯底不少于12.7 mm，也不得大于19 mm。三层金属板和两个主杆由两个螺母固定在一起，钢球直径为9.53 mm，质量为(3.5±0.05)g；试样杯由黄铜或不锈钢制成，高为(6.4±0.1)mm，下端有一个2 mm的回槽；钢球定位环由黄铜或不锈钢制成。

图7-3　软化点试验仪

(2) 温度计：0℃～80℃，分度为 0.5℃。

(3) 装有温度调节器的电炉或其他加热炉具(液化石油气、天然气等)，应采用带有振荡搅拌器的加热电炉，振荡子置于烧杯底部。

(4) 试样底板：金属板(表面粗糙度应达 Ra0.8 μm)或玻璃板。

(5) 恒温水槽：控温的准确度为 0.5℃。

(6) 平直刮刀。

(7) 甘油滑石粉隔离剂(甘油与滑石粉的质量比为 2∶1)。

(8) 新煮沸过的蒸馏水。

(9) 其他：石棉网。

三、试样制备

(1) 石油沥青试样的准备和测试必须在 6h 内完成，煤焦油沥青必须在 4.5h 内完成。小心加热试样，并不断搅拌以防止局部过热，直到样品变得可以流动。注意要小心搅拌以免气泡进入样品中。

① 石油沥青样品加热至倾倒温度的时间不超过 2 h，其加热温度不超过预计沥青软化点 110℃。

② 煤焦油沥青样品加热至倾倒温度的时间不超过 30 min，其加热温度不超过煤焦油沥青预计软化点 55℃。

③ 如果重复试验，不能重新加热样品，应在干净的容器中用新鲜样品制备试样。

(2) 若估计软化点在 120℃以上，应将黄铜环与支撑板预热至 80℃～100℃，然后将铜环放到涂有隔离剂的支撑板上，否则会出现沥青试样从铜环中完全脱落的情形。

(3) 向每个环中倒入略过量的沥青试样，让试件在室温下至少冷却 30 min。对于在室温下较软的样品，应将试件在低于预计软化点 10℃以上的环境中冷却 30 min。从开始倒试样时起至完成试验的时间不得超过 240 min。

(4) 当试样冷却后，用稍加热的小刀或刮刀干净地刮去多余的沥青，使得每一个圆片饱满且和环的顶部齐平。

四、试验方法及步骤

准备工作：将试样环置于涂有甘油滑石粉隔离剂的试样底板上，将准备好的沥青试样徐徐注入试样环内至略高出环面为止。

如估计试样软化点高于 120℃，则试样环和试样底板(不用玻璃板)均应预热至 80℃～100℃。试样在室温冷却 30 min 后，用环夹夹着试样杯，并用热刮刀刮除环面上的试样，使其与环面齐平。

1. 试样软化点在 80℃以下

(1) 将装有试样的试样环连同试样底板置于(5±0.5)℃的恒温水槽中至少 15 min，同时将金属支架、钢球、钢球定位环等亦置于相同水槽中。

(2) 烧杯内注入新煮沸并冷却至 5℃的蒸馏水，水面略低于立杆上的深度标记。

(3) 从恒温水槽中取出盛有试样的试样环放置在支架中层板的圆孔中，套上定位环；

然后将整个环架放入烧杯中，调整水面至深度标记，并保持水温为(5±0.5)℃。环架上任何部分不得附有气泡。将 0℃～80℃的温度计由上层板中心孔垂直插入，使端部测温头底部与试样环下面齐平。

(4) 将盛有水和环架的烧杯移至放有石棉网的加热炉具上，然后将钢球放在定位环中间的试样中央，立即开动振荡搅拌器，使水微微振荡，并开始加热，使杯中水温在 3min 内调节至维持每分钟上升(5±0.5)℃，在加热过程中，应记录每分钟上升的温度值，若温度上升速度超出此范围，则应重做试验。

(5) 试样受热软化逐渐下沉，至与下层底板表面接触时，立即读取温度，准确至 0.5℃。

2. 试样软化点在 80℃以上

(1) 将装有试样的试样环连同试样底板置于装有(32±1)℃甘油的恒温槽中至少 15mm，同时将金属支架、钢球、钢球定位环等亦置于甘油中。

(2) 在烧杯内注入预先加热至 32℃的甘油，其液面略低于立杆上的深度标记。

(3) 从恒温槽中取出装有试样的试样环，按上述第 1 项的方法进行测定，准确至 1℃。

五、试验结果评定

同一试样平行试验 2 次，当 2 次测定值的差值符合重复性试验精度要求时，取其平均值作为软化点试验结果，准确至 0.5℃。

当试样软化点小于 80℃时，重复性试验的允许差为 1℃，复现性试验的允许差为 4℃。

当试样软化点等于或大于 80℃时，重复性试验的允许差为 2℃，复现性试验的允许差为 8℃。

六、填写试验报告单

(1) 按照规定方法制作软化点试件，应当满足试件在空气中冷却和在水浴中保温的时间。

(2) 当估计软化点在 80℃以下时，试验采用新煮沸并冷却至 5℃的蒸馏水作为起始温度测软化点；当估计软化点在 80℃以上时，试验采用(32±1)℃的甘油作为起始温度测定软化点。

(3) 环架放入烧杯后，烧杯中的蒸馏水或甘油应加入至环架深度标记处，环架上任何部分均不得有气泡。

(4) 加热 3min 内调节到使液体维持每分钟上升(5±0.5)℃，在整个测定过程中如温度上升速度超出此范围，应重做试验。

(5) 两次平行试验测定值的差值应当符合重复性试验精度。

沥青软化点试验记录见表 7.4。

表 7.4　沥青软化点试验记录

沥青名称		试验编号		加热介质	
试验次数					
起始温度/℃					
升温速度/(℃·min⁻¹)					

续表

软化点温度/℃		
平均软化点/℃		
备注		

记录人：	试验人：	审核人：	试验日期：

任务四　防水卷材试验

任务目标

本任务通过测定卷材防水层的断裂拉伸强度和拉断伸长率，判断卷材防水层的物理力学性能。

知识链接

一、沥青防水卷材

卷材防水是一种常用的防水构造形式。沥青防水卷材由于其质量轻、成本低、防水效果好、施工方便等优点，被广泛应用于工业、民用建筑防水工程。目前，我国大多数屋面防水工程均采用沥青防水卷材。

沥青防水卷材的品种繁多，包括以纸、织物、纤维毡、金属箔等为胎基，两面浸涂沥青材料而制成的各种卷材和以橡胶或其他高分子聚合物为改性材料制成的各种卷材。

沥青防水卷材按使用的原料及生产工艺分为有胎卷材和无胎卷材。有胎卷材又分油毡和油纸两类，无胎卷材也称片材；油毡按使用的沥青品种分为石油沥青油毡、煤沥油毡；根据胎基的材质又分为纸胎油毡、麻布胎油毡、玻璃纤维胎油毡、玻璃布油毡、金属箔胎油毡；按特性分类有热熔油毡、低温油毡、冷贴油毡、带孔油毡、阻燃油毡、彩色油毡。

二、改性沥青卷材

沥青改性所用材料有弹性体及塑性体两大类。弹性体有多种合成橡胶，塑性体有聚丙烯、聚乙烯、聚苯乙烯等，其中用得最广的是 SBS 苯乙烯-丁二烯-苯乙烯共聚物和 APP 无规聚丙烯，沥青经过改性后，既提高了它的耐老化性能，也提高了油毡的大气稳定性。胎体主要是改纸胎为黄麻布、玻璃布、玻璃纤维毡、化纤毡、聚酯、金属箔等为材料，其中玻璃纤维毡和化纤毡又有编织和无纺两种。无纺毡是由任意放置的纤维和黏结剂制成的；编织毡则以双向编织的方式，将纤维织成网络布或平纹布。两种毡相比，玻璃纤维毡的耐湿性好，防火、质轻，用于涂盖的沥青少，且价格较低。聚酯毡由于有较好的抗拉裂强度、耐刺穿性和高延伸率，制成油毡后其主要性能均优于玻璃纤维毡。金属胎体主要有铝箔和铜箔，采用压纹和不压纹两种方式。改性沥青卷材的外观及其构造分别如图 7-4 和图 7-5 所示。

 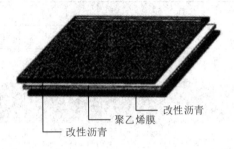

改性沥青
聚乙烯膜
改性沥青

图 7-4　改性沥青卷材　　　　　　　　图 7-5　改性沥青卷材构造

三、合成高分子防水卷材

合成高分子防水卷材是以合成橡胶、合成树脂或两者的共混体为基料，加入适量的化学助剂、填充剂，采用挤出或压延等橡胶或塑料的加工工艺所制成的可卷曲的片状防水材料。合成高分子防水卷材是近年发展起来的性能优良的防水卷材新品种，可分为有胎和无胎两大类。三元乙丙橡胶防水卷材和氯化聚乙烯防水卷材分别如图 7-6 和图 7-7 所示。

图 7-6　三元乙丙橡胶防水卷材　　　　　图 7-7　氯化聚乙烯防水卷材

技能训练

一、试验目的

通过试验测定防水卷材的断裂拉伸强度、拉断伸长率、耐热度和低温柔度。

二、试验器材

(1) 拉伸试验机：拉伸试验机有连续记录力和对应距离的装置，量程至少为 2000 N，夹具移动速度为 (100 ± 10) mm/min，夹具宽度不小于 50 mm。拉伸试验机如图 7-8 所示。

(2) 不透水仪：具有 3 个遇水盘的不透水仪器，它主要由液压系统、测试管路系统、夹紧装置和透水盘等部分组成。

图 7-8　拉伸试验机

(3) 定时钟。

(4) 电热恒温箱：带有热风循环装置。

(5) 温度计、干燥器、天平等。

(6) 低温制冷仪：范围为 –30℃～0℃，控温精度为 ±2℃。

(7) 半导体温度计：量程为 –40℃～–30℃，精度为 0.5℃。

(8) 柔度棒成弯板：半径(r)为 15 mm、25 mm。

(9) 冷冻液：即不与卷材反应的液体，如车辆防冻液、多元醇、多元醚类。

三、试验取样

从高聚物改性沥青卷材中抽取 1 卷，切除卷材端头 2.5 m 后，顺纵向切取长度为 0.8 m 的全幅卷材两块，一块用于物理力学性能检测，另一块备用；合成高分子卷材任取 1 卷，在距端部 3 m 处顺纵向截取长度 0.5 m 的全幅卷材两块，一块作检验用，另一块备用。

四、试验方法及步骤

1. 拉伸强度及延伸率试验

(1) 按规定取样，制备两组试件，一组纵向 5 个试件，一组横向 5 个试件；试件在试样上距边缘 100 mm 以上用模板或用裁刀任意裁取，矩形试件宽为(50 ± 0.5)mm，长为 200 mm + 2 × 夹持长度，长度方向为试验方向；去除试件表面的非持久层，试件在试验前在(23 ± 2)℃和相对湿度 30%～70%的条件下至少放置 20 h。

(2) 将试件紧紧地夹在拉伸试验机的夹具中，试件长度方向的中线与试验机夹具中心在一条线上，夹具间距离为(200 ± 2) mm，为防止试件从夹具中滑移应作标记。

(3) 开动试验机，为防止试件产生任何松动，加载不超过 5 N 的力，夹具移动的恒定速度为(100 ± 10) mm/min，连续记录拉力和对应的夹具间距离，试验过程中观察在试件中部是否出现沥青涂盖层与胎基分离或沥青涂盖层开裂的现象并记录。

2. 不透水性试验

(1) 卷材上表面作为迎水面，若上表面为砂面、矿物粒料时，下表面作为迎水面，下表面材料为细砂时，在细砂面沿密封圈去除表面浮砂，然后涂一圈 60～100 号热沥青，涂平冷却 1 h 后检测不透水性。

(2) 将洁净水注满水箱后，启动油泵，在油压的作用下夹脚活塞带动夹上升，先排净水缸的空气，再将水箱内的水吸入缸内，同时将 3 个试座充满水，接近溢出状态时关闭试座进水门。如果水缸内存水已近断绝，需通过水箱向水缸再次充水，以确保测试的水缸内有足够的储水。

(3) 将 3 块试件分别置于 3 个透水盘试座上，安装好密封圈，并在试件上盖上金属压盖，通过夹脚将试件压紧在试座上。

(4) 打开试座进水，充水加压；当压力表达到指定压力时，停止加压，关闭进水阀和油泵，同时开动定时钟，随时观察试件表面有无渗水现象，并记录开始渗水时间。在规定时间出现其中一块或两块试件渗漏时，必须立即关闭控制相应试座的进水阀，以保证其余试件继续测试，直到达到规定时间即可卸压取样。

3. 耐热度试验

(1) 在每块试件距短边一端 1 cm 处的中心打一小孔。

(2) 用细铁丝或回形针穿挂好试件小孔，放入已定温至标准规定温度的电热恒温箱内，在每个试件下端放一器皿，用以接收淌下的沥青。试件的位置与箱壁距离不应小于 50 mm，试件间应留一定距离，使其不致黏结在一起。

(3) 加热 2 h 后取出试件，观察并记录试件涂盖层有无滑动、流淌和集中性气泡等现象。

4. 低温柔度试验

(1) A 法(仲裁法)。在不小于 10 L 的容器中放入冷冻液(6 L 以上)，将容器放入低温制冷仪，冷却至标准规定温度，然后将试件与柔度棒(板)同时放在液体中，待温度达到标准规定的温度后至少保持 0.5 h。在标准规定的温度下，将试件于液体中在 3 s 内匀速绕柔度棒(板)弯曲 180°。

(2) B 法。将试件和柔度棒(板)同时放入冷却至标准规定温度的低温制冷仪中，待温度达到标准规定的温度后保持时间不少于 2 h。在规定的温度下，在低温制冷仪中将试件于 3 s 内匀速绕柔度棒(板)弯曲 180°。

(3) 6 个试件中，3 个试件的下表面及另外 3 个试件的上表面与柔度棒(板)接触，取出试件用肉眼观察试件涂盖层有无裂纹。

五、试验结果评定

(1) 拉伸强度及延伸率试验：

① 从记录的拉力中得出最大拉力，单位为 N/50 mm，用最大拉力时对应的夹具间距离与起始距离的百分率计算延伸率。

② 分别计算每个方向 5 个试件的最大拉力和延伸率的平均值并作为检测结果，拉力的平均值修约到 5 N，延伸率的平均值修约到 1%。

③ 若试件在试验中断裂或在试验机夹具中滑移超过极限值时，应用备用试件重做该试验。

(2) 不透水性试验：3 个试件分别达到标准规定的指标时判为该项测试合格。

(3) 耐热度试验：3 个试件分别达到标准规定的指标时判为该项合格。

(4) 低温柔度试验：6 个试件中至少 5 个试件达到标准规定的指标时判为该项指标合格。形式检验和仲裁检验必须采用 A 法。

六、填写试验报告单

弹性体改性沥青防水卷材试验报告如表 7.5 所示。

表 7.5　弹性体改性沥青防水卷材试验报告

样品名称			生产单位		
规格型号			代表数量/m³		
序号	检测项目		标准规定	检验结果	单项判定
1	可溶物含量/(g·m⁻²)				
2	不透水性				
3	耐热度/℃				
4	拉力	纵向 N/50 mm			
		横向 N/50 mm			
5	最大拉力时延伸率	纵向/(%)			
		横向/(%)			
6	低温柔度/℃				
检验依据					
结　论					
备　注					

任务五　防水涂料试验

任务目标

本任务通过测定防水涂料成膜的撕裂强度和拉伸强度,判断涂料防水层的物理力学性能。

知识链接

一、沥青防水涂料

沥青防水涂料的主要成膜物质是沥青,包括溶剂型和水乳型两种,主要品种有冷底子油、沥青胶及水性沥青基防水涂料。

二、高聚物改性沥青防水涂料

　　高聚物改性沥青防水涂料是以高聚物改性沥青为基料制成的水乳型或溶剂型防水涂料,有再生胶改性沥青防水涂料、氯丁橡胶沥青防水涂料及 SBS 橡胶改性沥青防水涂料等。氯丁橡胶沥青防水涂料及其施工分别如图 7-9 和图 7-10 所示。

图 7-9　氯丁橡胶沥青防水涂料　　　　　　图 7-10　防水涂料施工

三、合成高分子防水涂料

　　合成高分子防水涂料是以合成橡胶或合成树脂为主要成膜物质,加入其他辅助材料配制而成的。合成高分子防水涂料强度高、延伸大、柔韧性好,耐高、低温性能好,耐紫外线和酸、碱、盐,老化能力强,使用寿命长。

技能训练

一、试验目的

　　通过试验测定防水涂料成膜后的撕裂强度和拉伸强度。

二、试验器材

　　拉伸试验机、玻璃板、电热鼓风干燥箱、无纺布、"8"字模、厚度计、低温冰柜。

三、试验取样

　　用取样器取出 4 kg 试样,分两等份,分别置于洁净的瓶内,并密封置于 5℃～35℃的室内。

四、试验方法及步骤

1. 成膜厚度检查

采用针穿刺法每 100 平方米刺三个点,用尺测量其高度,取其平均值,成膜厚度应大于 2 mm。穿刺时应用彩笔做标记，以便修补。成膜厚度取样图及涂料成膜厚度量测分别如图 7-11 和图 7-12 所示。

图 7-11　成膜厚度取样图

图 7-12　涂料成膜厚度量测

2. 断裂延伸率检查

在防水施工中，监理人员可到施工现场将搅持好的料分多次涂刷在平整的玻璃板上(玻璃板应先打蜡)，成膜厚度 1.2～1.5 m，放置 7 d 后，在 1%的碱水中浸泡 7 d，然后在(50±2)℃烘箱中烘 24 h，做哑铃型拉伸实验，要求延伸保持率达到 80 %(无处理为 200 %)。如达不到标准，说明在施工中乳液添加比例不足。

3. 耐水性检查

将涂料分多次涂刷在水泥块上，成膜厚度为 1.2～1.5 m，放置 7 d，放入 1 %碱水中浸泡 7 d，不分层，不空鼓为合格。

4. 不透水性检查

在有条件下，应用仪器检测，其方法是将涂料按比例配好，分多次涂刷在玻璃板上(玻璃板先打蜡)，厚度为 1.5 mm，静放 7 d，然后放入烘箱内(50±2)℃烘 24 h，取出后放置 3 h，做不透水实验，不透水性为 0.3 MPa。保持 30 min 无渗溺为合格。

若条件不具备，可用目测法检查防水效果，方法是将涂料分 46 次涂刷到无纺布上，干透后(约 24 h)成膜厚度为 1.2～1.5 mm，将刷有涂料的无纺布做成盒子形状，但不得留有死角，再将 1%碱水加入盒内，24 h 无渗漏为合格。

5. 黏结力检查

(1) G 型聚合物防水砂浆，可直接成形"8"字模，24 h 后出模。放入水中浸泡 6 d，室内温度(25±2)℃下养护 21 d，做黏结实验。

(2) G 型防水砂浆，灰∶水∶胶 = 1∶0.11∶0.14，其黏结力为 2.3 MPa。将 R 型涂料和成芝麻酱状，将和好的涂料涂到两个半"8"字砂浆块上，放置 7 d 做黏结实验，R 型配比(高弹)，粉∶胶 = 1∶1.4(中弹)，粉∶胶 = 1∶0.8～1(低弹)。R 型黏结力为 0.5 MPa，大于等于黏结指标为合格。

6. 低温柔度检查

在玻璃板上打蜡，将施工现场搅拌好的涂料分多次涂刷在玻璃板上，成膜厚度为 1.2～1.5 mm，干透后从玻璃板上取下，室温(25±2)℃下放置 7 d，然后剪下长 120～150 mm，宽 20 mm 的条状试片，将冰箱温度调至 −25℃，将试片放入冰箱内 30 min，用直径 10 mm

圆棒正反各缠绕一次，无裂纹为合格。如有裂纹说明乳液低温柔度不够。

五、试验结果评定

低温柔度应在所有时间内满足各项试验要求。

六、填写试验报告单

弹性体改性沥青防水卷材试验报告如表 7.6 所示。

表 7.6　弹性体改性沥青防水卷材试验报告

样品名称		生产单位		
规格型号		代表数量		
序号	检测项目	标准规定	检验结果	单项判定
1	成膜厚度			
2	断裂延伸率			
3	耐水性			
4	不透水性			
5	黏结力			
6	低温柔度/℃			
检验依据				
结论				
备注				

项 目 拓 展

1. 石油沥青的组分

因为沥青的化学组成复杂，对组成进行分析很困难，且其化学组成也不能反映出沥青性质的差异，所以一般不作沥青的化学分析。通常从使用角度出发，将沥青中按化学成分和物理力学性质相近的成分划分为若干个组，这些组就称为"组分"。石油沥青的组分及其主要物性如下：油分、树脂、地沥青质。

1) 油分

油分为淡黄色至红褐色的油状液体，其分子量为 $100\sim500$，密度为 $0.71\sim1.00\ \text{g/cm}^3$，能溶于大多数有机溶剂，但不溶于酒精。在石油沥青中，油分的含量为 $40\%\sim60\%$。油分赋予沥青以流动性。

2) 树脂

树脂又称脂胶，为黄色至黑褐色半固体黏稠物质，分子量为 $600\sim1000$，密度为 $1.0\sim1.1\ g/cm^3$。沥青脂胶中绝大部分属于中性树脂。中性树脂能溶于三氯甲烷、汽油和苯等有机溶剂，但在酒精和丙酮中难溶解或溶解度很低。中性树脂含量增加，石油沥青的延度和黏结力等性能会越好。在石油沥青中，树脂的含量为 $15\%\sim30\%$，它使石油沥青具有良好的塑性和黏结性。

3) 地沥青质

地沥青质为深褐色至黑色固态无定性的超细颗粒固体粉末，分子量为 $2000\sim6000$，密度大于 $1.0\ g/cm^3$，不溶于汽油，但能溶于二硫化碳和四氯化碳。地沥青质是决定石油沥青温度敏感性和黏性的重要组分。沥青中地沥青质含量在 $10\%\sim30\%$ 之间，其含量越多，则沥青的软化点越高，沥青的黏性越大，也越硬脆。

石油沥青中还含 $2\%\sim3\%$ 的沥青碳和似碳物(黑色固体粉末)，是石油沥青中分子量最大的，它会降低石油沥青的黏结力。石油沥青中还含有蜡，它会降低石油沥青的黏结性和塑性。同时对温度特别敏感(即温度稳定性差)。

2. 建筑防水材料的选择

新型的防水材料不断被研制出来并进入市场销售。对于建筑防水材料的选择，并不是防水材料越好，其作用就越好，在对防水材料的选择上，应该根据设计和实践情况，选择合适的防水材料。材料选择原则：防水材料性能好，质量可靠有保证，材料稳定性要好，而且要求便于储存运输，施工方便灵活，使用寿命较长，材料价格适中。总之，在每种材料的选择上，应根据工程的部位、条件、所处的环境、建筑的等级、功能需要，选用适当的材料，因为每种材料都各有其特性，因建筑物的不同，才能让各类材料的特性发挥好，才能获得最佳的防水效果。

1) 屋面防水材料的选择

屋面由于受到各种综合性因素的影响，如力学、物理、化学等方面的影响(主要是因屋面长期处于暴露下，直接受大气、冻融交替、热胀冷缩、干湿变化的影响，阳光、紫外线、臭氧的作用)，风霜雨雪的冲刷和风化，以及一些结构性影响，温差作用和施工时用力拉伸防水卷材或涂膜胎体，使防水层处于高应力状态下，可导致屋面提前损坏。因此需要选用耐老化性能好的，并且需要具有一定延伸性的、耐热度高的材料。那么在屋面防水材料的选择上应该选择聚酯胎改性沥青卷材、三元乙丙片材或沥青油毡等材料。

2) 地下工程防水材料的选择

地下工程由于长期处于潮湿状态、不方便维修、温差变化比较小等特点，防水材料需具备优质的抗渗能力和延伸率以及良好的整体不渗水性；还要求耐霉烂、耐腐蚀性、使用寿命长。如当使用具有高分子防水基材时，需要选用耐水性好的黏结剂，其基材的厚度应要求不小于 $1.5\ mm$，亦如聚氨酯、硅橡胶防水涂料等材料，其厚度应该不小于 $2.5\ mm$。在室内每增加一道防水层，水泥基则以无机刚性防水材料为宜。

3) 厕浴间防水材料的选择

厕浴间面积一般比较小，而且多存在阴阳角，防水工程中所选用的防水材料应基于这样的原则选择：一是适合基层形状的变化并有利于管道设备的敷设；二是要具有不渗水性、无接缝的整体涂膜。这样做的目的是针对厕浴间面积小、阴阳角多、穿墙管洞多等多种因素以及根据地面、楼面、墙面连接构造较复杂等特点而提出来的。

项 目 小 结

　　防水材料是保证建筑物、构筑物能够防止雨水、地下水与其他水分渗透的材料，是工程中不可缺少的材料之一。本项目重点介绍了建筑工程中常用的沥青、防水卷材和防水涂料等 3 类防水材料的试验检测。

　　石油沥青的组分为油分、树脂、地沥青质。

　　石油沥青的主要技术性质有黏滞性、塑性、温度敏感性、大气稳定性，黏滞性用针入度来表示，塑性用延度来表示，温度敏感性用软化点来表示。

思 考 与 练 习

一、填空题

1. 评价黏稠石油沥青路用性能最常用的经验指标是＿＿＿＿＿＿、＿＿＿＿＿＿和＿＿＿＿＿＿。

2. 沥青材料按其获得方式分为＿＿＿＿＿＿＿＿、＿＿＿＿＿＿＿＿。

二、选择题

1. 石油沥青的组分及其主要物性是(　　　)。

A. 油分　　　　　B. 树脂　　　　　C. 地沥青质　　　　　D. 纤维物

2. 柔性防水材料大致可分为(　　　)。

A. 防水卷材　　　B. 防水涂料　　　C. 密封油膏　　　　D. 防水砂浆

三、简答题

SBS 改性沥青防水卷材适用于哪些地方？

实训项目八　工程质量检测

 项目分析

本项目对半成品及成品的工程实体进行检测，要求学生能掌握常用的检测工具及仪器，能熟悉构件混凝土强度检测、保护层厚度检测及构件中钢筋直径的检测方法，能对检测数据及结果进行处理、评定检测结果和完成检测报告。

本项目需要完成以下任务：

(1) 回弹检测。

(2) 钻芯检测。

(3) 混凝土保护层厚度及钢筋直径检测。

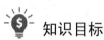 知识目标

(1) 了解回弹检测混凝土强度的原理。

(2) 了解构件混凝土强度缺陷的影响因素。

(3) 了解钢筋检测仪的使用方法。

 能力目标

(1) 掌握回弹仪的使用，能进行回弹检测。

(2) 掌握钻芯检测的取样方法和试验步骤。

(3) 掌握钢筋检测仪测定保护层厚度和钢筋直径的方法。

任务一　回　弹　检　测

任务目标

本任务利用回弹仪对工程中常见构件进行混凝土强度回弹检测，要求学生能掌握回弹仪的使用并熟悉检测步骤和方法；能对检测数据进行分析和处理，能完成检测报告单和对构件进行质量评定。

一、回弹仪的工作原理

回弹值的大小主要取决于与冲击能量有关的回弹能量，而回弹能量取决于被测混凝土的弹塑性性能。回弹仪结构如图8-1所示。

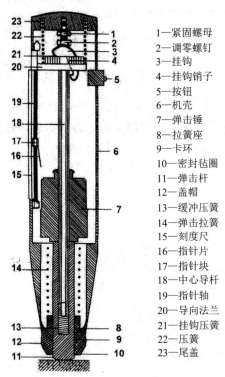

1—紧固螺母
2—调零螺钉
3—挂钩
4—挂钩销子
5—按钮
6—机壳
7—弹击锤
8—拉簧座
9—卡环
10—密封毡圈
11—弹击杆
12—盖帽
13—缓冲压簧
14—弹击拉簧
15—刻度尺
16—指针片
17—指针块
18—中心导杆
19—指针轴
20—导向法兰
21—挂钩压簧
22—压簧
23—尾盖

图8-1　回弹仪结构图

混凝土的强度越低，则塑性变形越大，消耗于产生塑性变形的功也越大，弹击所获得的回弹功就越小，回弹距离相应也越小，从而回弹值就越小，反之亦然。以回弹值(弹回的距离与冲击前弹击至弹击杆的距离之比；按百分数计算)作为混凝土抗压强度相关的指标之一，来推定混凝土的抗压强度。

二、混凝土强度缺陷的影响因素

影响混凝土强度等级的因素主要有水泥等级和水灰比、集料、龄期、养护温度和湿度等。

三、混凝土强度检测技术

目前用回弹法检测混凝土表面硬度来推定其强度的检测方法是最为普遍的混凝土强度检测技术。

技能训练

一、检测目的

利用回弹仪检测混凝土强度，并进行质量评定。

二、检测器材

ZC3-A 型混凝土回弹仪、浓度 1%～2% 的酚酞酒精溶液。

三、对象选取

1. 构件的选取

(1) 单个检测：适用于单个结构或构件的检测。

(2) 批量检测：适用于在相同的生产工艺条件下，混凝土强度等级相同，原材料、配合比、成型工艺、养护条件基本一致，且龄期相近的同类构件或结构。按批进行检测的构件，抽检数量不得少于同批构件总数的 30%，且检测数量不得少于 10 件。抽检构件时，应随机抽取并使所选构件具有代表性。

2. 测区的选取

(1) 每一结构或构件测区数不应少于 10 个，存在以下情形时测区数量可适当减少，但不应少于 5 个：当受检构件数量大于 30 个且不需提供单个构件推定强度；某一方向尺寸小于 4.5 m 且另一方向尺寸小于 0.3 m 的构件。

(2) 相邻两测区的间距应控制在 2 m 以内，测区离构件端部或施工量边缘的距离不宜大于 0.5 m，且不宜小于 0.2 m。

(3) 测区宜选在被检测混凝土浇筑的侧面，当不能满足这一要求时，也可按非水平方向，以构件的混凝土浇筑、表面或底面为检测面，但需对回弹值进行修正。

(4) 测区宜选在构件的两个对称可测面上，也可选在一个可测面上，且应均匀分布，在构件的重要部位及薄弱部位必须布置测区，并应避开预埋件。

(5) 测区的面积不宜大于 0.04 m²。

(6) 检测面应为混凝土原浆面，并应清洁、平整，不应有疏松层、浮浆、油垢、涂层以及蜂窝、麻面。

(7) 对弹击时产生运动的薄壁、小型构件应进行固定。

3. 测点的规定

(1) 测点宜在测区范围内均匀分布，相邻两测点的净距不宜小于 20 mm。

(2) 测点距外露钢筋、预埋件的距离不宜小于 30 mm；测点不应在气孔或外露石子上，同一测点只应弹击一次。

(3) 每一测区应记取 16 个回弹值，每一测点的回弹值读数估读至 1。

4. 碳化深度值测定

(1) 回弹值测量完毕后，应在有代表性的位置上测量碳化深度值，测点不应少于构件测区数的 30%，取其平均值为该构件每测区的碳化深度值。当碳化深度值极差大于 2.0 mm 时，应在每一测区测量碳化深度值。

(2) 碳化深度值测量，可采用适当的工具在测区表面形成直径约 15 mm 的孔洞，其深度应大于混凝土的碳化深度。用深度测量工具测量已碳化与未碳化混凝土交界面到混凝土表面的垂直距离，测量不应少于 3 次，每次读数应精确至 0.25 mm，应取 3 次测量的平均值作为检测结果，并应精确至 0.5 mm。

四、检测方法及步骤

(1) 测量回弹值时，回弹仪轴线始终垂直于混凝土检测面，轻压仪器，使按钮松开，放松压力时弹击杆伸出，待弹击锤脱钩冲击弹击杆后，弹击锤回弹带动指针向后移动至某一位置时，指针块上的示值刻线在刻度尺上示出一定数值即为回弹值。

(2) 每一测区应读取 16 个回弹值，每一测点的回弹值读数精确至 1。测点宜在测区范围内均匀分布，相邻两测点的距离不宜小于 20 mm；测点距外露钢筋、预埋件的距离不宜小于 30 mm；测点不应在气孔或外露石子上，同一测点应只弹击一次。

五、检测结果评定

(1) 计算测区平均回弹值，应从该测区的 16 个回弹值中剔除 3 个最大值和 3 个最小值，余下的 10 个回弹值取平均值。

(2) 当回弹仪呈非水平方向检测混凝土浇筑侧面，或不能呈水平方向检测混凝土浇筑顶面(或底面)时，应进行修正。

(3) 当检测时回弹仪为非水平方向且测试面为非混凝土的浇筑侧面时，应先对回弹值进行角度修正，再对修正后的值进行浇筑面修正。

六、完成检测报告单

混凝土构件回弹值测定表如表 8.1 所示。

表 8.1　混凝土构件回弹值测定表

测区	回弹值								碳化深度/mm	强度/MPa
1										
2										
3										

续表

测区	回弹值										碳化深度/mm	强度/MPa
4												
5												
6												
7												
8												
9												
10												

任务二　钻芯检测

任务目标

本任务对工程构件进行钻芯取样，对芯样进行混凝土强度检测、裂缝分析检测。要求学生能掌握取样方法和标准，能进行芯样的强度试验并完成相应的试验报告单，能对混凝土强度等级及裂损状态进行评定。

知识链接

钻芯法检测混凝土强度，以其直观准确而成为其他检测方法的校验依据。但钻芯法对构件的损伤较大，检测成本高，因而难以大量使用。为了克服这些缺点，采用小直径芯样进行检测成为发展方向。目前最小的芯样直径可以达到 25 mm，但小直径芯样的强度试验数据离散较大，需要通过增加检测数量才能达到标准芯样的检验效果。目前常用的小直径芯样直径一般为 50～75 mm。一般要求芯样直径为粗集料直径的 3 倍。构件截面较小或钢筋密，芯样直径可为混凝土骨料粒径的 2 倍，检测混凝土内部缺陷，芯样直径可任意选取，不受限制。

检测依据：

《钻芯法检测混凝土强度技术规程》

《普通混凝土力学性能试验方法》

技能训练

一、检测目的

钻芯法是利用专用钻，从结构混凝土中钻取芯样以检测混凝土强度或观察混凝土强度内部质量的方法，是一种半破损的现场检验方法。钻芯法可以检测混凝土的强度、裂缝、接缝、分层、孔洞或离析等缺陷。

二、检测器材

(1) 万能材料试验机(图 8-2)。
(2) 混凝土钻芯机(图 8-3)。
(3) 自动岩石切片机。
(4) 砼磨平机。
(5) 钢直尺(0~300 mm)。
(6) 游标卡尺(量程：0~200 mm)。

图 8-2 万能材料试验机   图 8-3 混凝土钻芯机

三、对象选取

(1) 芯样应从结构或构件的下列部位钻取：
① 结构或构件受力较小的部位。
② 混凝土强度质量具有代表性的部位。
③ 便于钻芯机安放与操作的部位。
④ 避开主筋、预埋件和管线的位置。
(2) 钻取的芯样数量应符合下列规定：
① 钻芯确定单个构件的混凝土强度推定值时，有效芯样试件的数量不应少于 3 个；对于较小构件，有效芯样试件的数量不得少于 2 个。
② 对构件的局部区域进行检测时，应由要求检测的单位提出钻芯位置及芯样数量。

③ 按批量检测时，芯样试件的数量应根据检测批的容量确定。标准芯样试件的最小样本量不宜小于 5 个，取芯位置应在结构上均匀布置。芯样应从检测批的结构构件中随机抽取，每个芯样应取自一个构件或结构的局部部位。

四、检测方法及步骤

1. 芯样钻取

(1) 钻芯机就位并安放平稳后，应将钻芯机固定。

(2) 芯样应进行标记。当所取芯样高度和质量不能满足要求时，则应重新钻取芯样。

(3) 钻芯后留下的孔洞需及时进行修补。

(4) 钻取芯样时需要控制进钻的速度。

(5) 在钻芯工作完毕后，应对钻芯机和芯样加工设备进行维修保养。

2. 强度检测

芯样试件抗压强度试验分为潮湿状态和干燥状态两种。压力机精度不低于 ±2%。试件的破坏荷载为压力机量程的 20%～80%。加载速率一般控制在(0.3～0.8)MPa/s。

芯样试件的抗压试验操作应符合现行国家标准《普通混凝土力学性能试验方法》中对立方体试块抗压试验的规定。

五、检测结果评定

芯样试件的数量应根据检验批的容量确定。标准芯样试件的最小样本量不宜少于 15 个，小直径芯样试件的最小样本量应适当增加。

芯样应从检验批的结构构件中随机抽取，每个芯样应取自一个构件或结构的局部部位。钻芯确定单个构件的混凝土强度推定值时，有效芯样试件的数量不应少于 3 个；对于较小构件，有效芯样试件的数量不得少于 2 个。

六、完成检测报告单

钻芯取样试验报告单如表 8.2 所示。

表 8.2　钻芯取样试验报告单

编号：

试验单位			施工单位		
工程名称			试验规程		
样品名称			试验日期		
试样编号	桩号及位置	芯样直径 /cm	芯样长度 /cm	极限荷载 /KN	芯样劈裂抗拉强度 /MPa	描述

续表

试样编号	桩号及位置	芯样直径/cm	芯样长度/cm	极限荷载/KN	芯样劈裂抗拉强度/MPa	描述
结论						

试验:	复核:	日期:

任务三　混凝土保护层厚度及钢筋直径检测

任务目标

本任务利用钢筋检测仪对工程构件进行钢筋保护层厚度及钢筋直径检测。

知识链接

钢筋检测仪由探头和主机两部分组成,如图8-4所示。探头部分的工作原理为电磁脉冲。在探头的内部装有两组线圈,一组为磁场线圈,另外一组为感应线圈。磁场线圈在所要检查的混凝土中产生高脉冲的一次电磁场,如混凝土中有金属物体,则该物体将感应产生二次电磁场(位于前述的第一次电磁场之内)。每一次磁场线圈所产生的电磁场的脉冲间隙会引起第二次电磁场的衰减,这样就使感应线圈产生电压变化。因此,根据这个电压的变化,通过数值计算得出混凝土中的钢筋间距和保护层厚度。

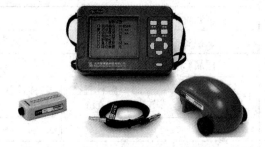

图 8-4　钢筋检测仪

检测依据：

《混凝土中钢筋检测技术规程》；

《电磁感应法检测钢筋保护层厚度和钢筋直径技术规程》；

《混凝土结构工程施工质量验收规范》。

技能训练

一、检测目的

混凝土保护层厚度关系到结构的承载力、耐久性、防火等方面的性能，而钢筋是混凝土结构中重要组成部分，它决定了结构的抗压、抗剪、抗震、抗冲击性能，影响结构的安全性和耐久性。

通过对保护层厚度及钢筋的检测，从而验证施工中是否达到设计的需要。

二、检测器材

(1) 电磁感应式钢筋检测仪或雷达仪。

(2) 钢卷尺。

(3) 游标卡尺。

三、对象选取

1. 检验的结构部位及构件数量

检验的结构部位和构件数量，应符合以下要求：

(1) 检验的结构部位应由监理(建设)、施工等各方根据结构构件的重要性共同选定。

(2) 对梁类、板类构件，应各抽取构件数量的 2% 且不少于 5 个构件进行检验；当有悬挑构件时，抽取的构件中悬挑梁类、板类构件所占比例均不宜小于 50%。

2. 选定构件的检验部位及数量

(1) 对选定的梁类构件，应对全部纵向受力钢筋的保护层厚度进行检验。

(2) 对选定的板类构件，应抽取不少于 6 根纵向受力钢筋的保护层厚度进行检验。

对于单向板，应沿两受力边检测负弯矩钢筋；

对于常见的双向板，应沿两长边检测负弯矩钢筋；

检测位置尽量靠近钢筋根部，并且在两长边中间 1/2 范围内检测。

(3) 对每根钢筋，应在有代表性的部位测量 1 点。

四、检测方法及步骤

检测方法及步骤如下：

(1) 检测前，应对钢筋检测仪进行预热和调零，调零时探头应远离金属物体。在检测过程中，应核查钢筋检测仪的零点状态。

(2) 宜结合设计资料了解钢筋布置情况，检测时应避开钢筋接头和绑丝；更重要的是要设定好被检测钢筋的直径，否则偏差很大。

(3) 钢筋位置确定：探头在检测面上移动，直到钢筋检测仪保护层厚度示值最小，此时探头中心线与钢筋轴线应重合，在相应位置做好标记。按上述步骤将相邻的其他钢筋位置逐一标出。

(4) 保护层厚度检测：首先设定好被检测钢筋的直径，沿被测钢筋轴线选择相邻钢筋影响较小的位置，并应避开钢筋接头和绑丝，读取第 1 次检测的混凝土保护层厚度检测值。在被测钢筋的同一位置重复检测 1 次，读取第 2 次检测的混凝土保护层厚度检测值。

当同一处读取的 2 个混凝土保护层厚度检测值相差大于 1 mm 时，该组检测数据无效，并查明原因，在该处应重新进行检测。仍不满足要求时，应更换钢筋检测仪或采用钻孔、剔凿的方法进行验证。

五、检测结果评定

1. 特殊情况 1

当实际混凝土保护层厚度小于钢筋检测仪最小示值时，应采用在探头下附加垫块的方法进行检测。垫块对钢筋检测仪检测结果不应产生干扰，表面应光滑、平整，其各方向厚度偏差值不应大于 0.1 mm。所加垫块厚度在计算时应予扣除。

2. 特殊情况 2

遇到下列情况之一时，应选取不少于 30%的已测钢筋，且不少于 6 处(实际检测数量不足 6 处时应全部选取)，采用剔凿、钻孔等方法验证。

(1) 认为相邻钢筋对检测结果有影响。

(2) 钢筋的公称直径未知或有异议。

(3) 钢筋的实际根数、位置与设计有较大偏差。

(4) 钢筋及混凝土材质与校准试件有显著差异。

① 检测构件某处的钢筋保护层厚度平均值 $\overline{D_n}$，按下式计算：

$$\overline{D_n} = \frac{\sum_{i=1}^{n} D_{ni}}{n} \tag{8-1}$$

式中：D_{ni}——钢筋保护层厚度实测值，精确至 0.1 mm；

n——构件某处测点数。

② 检测构件某处的钢筋保护层厚度特征值 D_{ne}，按下式计算：

$$D_{ne} = \overline{D_n} - 1.695 S_D \tag{8-2}$$

式中：S_D——钢筋保护层厚度实测值标准差，精确至 0.1 mm；

$$S_D = \sqrt{\frac{\sum_{i=1}^{n}(D_{ni})^2 - n(\overline{D_n})^2}{n-1}} \tag{8-3}$$

对梁类、板类构件应分别进行验收，合格标准如下：

(1) 当全部钢筋的保护层厚度检验的合格率为 90%及以上时，钢筋的保护层厚度检验结果应判定为合格。

(2) 当全部钢筋的保护层厚度检验的合格率小于 90%但不小于 80%时，可抽取相同数量的构件进行检验；当按两次抽样总和计算的合格率为 90%及以上时，钢筋的保护层厚度检验结果仍判定为合格。

每次抽样检测结果中不合格点的最大偏差均不应大于允许偏差的 1.5 倍。

纵向受力钢筋的允许误差：

梁类构件：+10 mm，−7 mm；

板类构件：+8 mm，−5 mm。

六、完成检测报告单

钢筋混凝土保护层厚度检测记录表如表 8.3 所示。

表 8.3　钢筋混凝土保护层厚度检测记录表

工程名称		委托单位				
检测依据		构件名称				
检测仪器及型号		垫块厚度 C_0/mm				
仪器编号		检测日期				
序号	钢筋保护层厚度设计值/mm	检测部位	钢筋公称直径/mm	保护层厚度检测值/mm			
				第1次检测值 C_1^t	第1次检测值 C_2^t	平均值	验证值	备注

续表

序号	钢筋保护层厚度设计值/mm	检测部位	钢筋公称直径/mm	保护层厚度检测值/mm				备注
				第1次检测值 C_1^t	第1次检测值 C_2^t	平均值	验证值	
检测部位示意图								

记录：　　　　　　　检测：　　　　　　　复核：

项 目 拓 展

1. 工程质量检测程序

接受委托→相关情况调查→制定检测方案→现场检测→试件检验→计算分析和结果评定→出具检测报告。

2. 无损检测技术的应用

它既适用于工程施工过程中混凝土质量的检测、工程验收的检测，也适于建(构)筑物使用期间的质量鉴定。

3. 钻芯法检测混凝土强度使用的条件

(1) 对混凝土立方体试件的抗压强度产生怀疑，其反映的混凝土强度与观感质量相差较远。

(2) 因材料、施工、养护不当发生了混凝土质量问题。

(3) 当混凝土表层与内部的质量有明显的差异，或者遭受化学腐蚀、火灾、冻害的混凝土不宜采用非破损方法时。

(4) 采用回弹等非破损方法检测混凝土质量，需要钻芯修正测强曲线，以提高检测精度。

(5) 使用多年的建筑物需做质量鉴定(其他方法不能客观反映结构混凝土的实际强度)或已有建筑物改变使用功能等而需了解结构混凝土的强度。

(6) 对施工有特殊要求的结构和构件，如机场跑道、高速公路混凝土测强、测厚等；用钻取的芯样除进行抗压强度试验外，也可进行抗劈强度、抗冻性、抗渗性、吸水性等方面的测定。此外，还可检查混凝土的内部缺陷，如裂缝深度、孔洞和疏松大小及混凝土中粗骨料的级配情况等。但对于混凝土强度等级低于 C10 的结构，不宜采用钻芯法检测。《钻芯法检测混凝土强度技术规程》总则中规定：钻芯法检测结构中强度不大于 80 MPa 的普通混凝土。

项 目 小 结

百年大计，质量第一。建设工程质量不仅影响到国民经济建设的正常运行，而且还关系到人民生命财产安全，甚至影响到社会的安定团结。工程质量检测是一项技术性很强的工作，根据工程实际所用的结构材料、工期及工程实际发生的问题制定相应的检测方案进行准确的检验，并出具有价值的质量报告是本项目的基本内容。本项目主要介绍无损检测方法和局部破损的检测方法即回弹法和钻芯法检测混凝土的强度，还介绍了混凝土内部钢筋直径与混凝土厚度的检测技术。

思 考 与 练 习

一、填空题

1. 回弹仪使用时的环境温度应为_____℃。

2. 混凝土回弹仪标准状态水平弹击的冲击能量为_____J。

3. 当结构工作条件比较潮湿，需要确定潮湿状态下混凝土的强度时，芯样试件宜在_____的清水浸泡_____h，从水中取出后立即进行试验。

二、名词解释

1. 混凝土无损检测

2. 测区、测点

三、问答题

1. 工程质量检测的工作程序有哪些？

2. 钻芯法检测混凝土强度时，现场钻芯时如何确定取芯位置？

参 考 文 献

[1] 魏尚卿，李鹏，左丽娜. 建筑材料与检测[M]. 南京：南京大学出版社，2012.

[2] 李美娟. 土木工程材料实验[M]. 北京：中国石化出版社，2012.

[3] 钱匡亮. 建筑材料实验[M]. 浙江：浙江大学出版社，2013.

[4] 胡欣，周黎. 道路材料试验检测[M]. 武汉：武汉理工大学出版社，2014.

[5] 范红岩，陈立东. 建筑材料[M]. 武汉：武汉理工大学出版社，2014.

[6] 于新文. 建筑材料与检测[M]. 北京：人民邮电出版社，2015.

[7] 杨小刚. 建筑材料与检测[M]. 北京：人民邮电出版社，2015.

[8] 谭平. 建筑材料实训[M]. 武汉：华中科技大学出版社，2012.

[9] 吴科如，张雄. 土木工程材料[M]. 上海：同济大学出版社，2013.